国家地理图解万物大百科

空 间 站

［英］戴维·杰弗里斯 文
［英］塞巴斯蒂安·奎格利 图

严 羽 译

江苏凤凰科学技术出版社 · 南京

江苏省版权局著作权合同登记 10-2021-101 号

图书在版编目（CIP）数据

空间站 / （英）戴维·杰弗里斯著；（英）塞巴斯蒂安·奎格利绘；严羽译. — 南京：江苏凤凰科学技术出版社, 2023.5
（国家地理图解万物大百科）
ISBN 978-7-5713-3323-2

Ⅰ.①空… Ⅱ.①戴…②塞…③严… Ⅲ.①航天站－普及读物 Ⅳ.① V476-49

中国版本图书馆 CIP 数据核字 (2022) 第 224391 号

国家地理图解万物大百科　空间站

撰　　　文	［英］戴维·杰弗里斯
绘　　　图	［英］塞巴斯蒂安·奎格利
译　　　者	严　羽
责 任 编 辑	杨嘉庚
责 任 校 对	仲　敏
责 任 监 制	刘文洋

出 版 发 行	江苏凤凰科学技术出版社
出版社地址	南京市湖南路 1 号 A 楼，邮编：210009
出版社网址	http://www.pspress.cn
印　　　刷	惠州市金宣发智能包装科技有限公司

开　　　本	889 mm × 1 194 mm　1/16
印　　　张	6
字　　　数	200 000
版　　　次	2023 年 5 月第 1 版
印　　　次	2023 年 5 月第 1 次印刷

标 准 书 号	ISBN 978-7-5713-3323-2
定　　　价	40.00 元

图书如有印装质量问题，可随时向我社印务部调换。

BEYOND EARTH

目 录 / CONTENTS

太阳系巡礼

探索宇宙

1957 年 10 月 4 日，随着第一颗人造卫星——苏联的"斯普特尼克 1 号"成功发射，人类的太空时代拉开了序幕。"斯普特尼克 1 号"重达 83.5 千克，像一个闪闪发光的金属球，在曲线轨道上围绕地球转动。这是人们成功向太空发射的众多航天器中的第一个。

探索宇宙

自"斯普特尼克 1 号"成功发射至今，无人航天器（指任何无人驾驶、完全依赖计算机操作完成任务的航天器）的足迹已经遍布月球、太阳、地球和太阳系内其他行星周围的空间。2015 年，"新视野号"探测器探访了遥远的矮行星——冥王星。无人航天器也探测过其他太空成员，比如小行星和彗星。包括美国、俄罗斯、中国、印度和日本在内的十几个国家都已成功发射过航天器。有些国家采取协同的方式组建国际航天组织，如欧洲空间局。

2 种无人航天器

无人航天器主要有 2 种类型：在轨道上围绕地球转动的人造卫星，它们可以使用太空摄像机和其他传感设备完成对天气或污染的监测等工作；向月球等其他星球甚至宇宙深处发射的空间探测器，它们的任务是帮助我们了解我们生存的浩瀚宇宙。

右图　太阳系是指由太阳和围绕其转动的天体（行星、卫星、小行星等）构成的体系及其所占的空间区域。除水星和金星外，太阳系的其他行星都有各自的卫星围绕其转动。每个行星的卫星数量不等，地球只有月球 1 颗卫星，而土星的卫星则有 80 多颗。半个多世纪以来，人们向太空发射了多个空间探测器，科学家通过它们完成的各种探测任务，使我们越来越多地了解地球以外的宇宙空间。

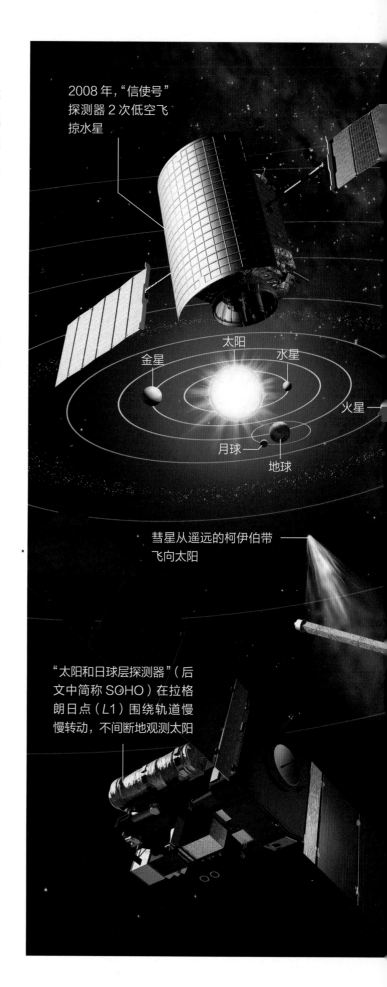

2008 年，"信使号"探测器 2 次低空飞掠水星

太阳

金星　水星

火星

月球

地球

彗星从遥远的柯伊伯带飞向太阳

"太阳和日球层探测器"（后文中简称 SOHO）在拉格朗日点（L1）围绕轨道慢慢转动，不间断地观测太阳

冥王星

2015 年 7 月，"新视野号"飞掠冥王星

天王星

木星

土星

"2001 火星奥德赛号"
已对火星的大部分区
域进行了测绘

海王星

2004 年，"卡西尼号"开始
了对土星及其卫星的探索之
旅，2017 年结束任务，撞
向土星坠毁

雷达天线

上图 位于意大利的地面天线与"环境卫星"（ENVISAT）进行通信

雷达天线

南极冰川边缘破裂后形成的海上浮冰

西西里岛埃特纳火山升起的烟尘

ENVISAT 卫星在西非海岸上空时拍摄的河流和云

探索地球

围绕地球运行的卫星帮助我们探索家园。它们能向我们展示那些在地面无法看见的细节。1960 年 4 月，美国向太空发射了世界上第一颗气象卫星"泰罗斯 1 号"。这颗卫星仅运行了 78 天，随后美国在 1960 年 11 月又发射了"泰罗斯 2 号"。"泰罗斯 1 号"上搭载的相机拍摄的照片大多是云图，然而这些黑白照片仍然显示了加拿大下雪地区令人意想不到的地形景观。专家们仔细研究了这些地形图后意识到，这些地形正是伐木工人砍伐森林造成的。此后，相机技术迅速发展到能捕捉到非常微小的细节——最先进的仪器甚至号称可以从太空中看清报纸上的新闻标题。

环境监测

ENVISAT 卫星是世界上最大的对地观测卫星之一，由欧洲科学家团队建造，并于 2002 年在南美洲的库鲁航天基地搭载"阿丽亚娜 5 号"运载火箭发射升空。ENVISAT 卫星长约 7 米，类似一辆运输卡车的大小，在距离地表 800 千米的轨道上运行，绕地球 1 周约需 100 分钟，完成整个地表测绘需 3 天。ENVISAT 卫星的雷达波束能够穿透云层，记录地表发生的事情。这些功能可用于探测冰川移动、森林生态状况以及沙漠延伸范围。ENVISAT 卫星上的其他设备可以监测汽车尾气污染、沙尘暴、工厂废物以及火山喷发后的火山灰云。同

折叠式太阳能电池板————

时这颗卫星可以根据对洪水、火灾和地震情势的监测，帮助计划和管理救灾工作。其他的对地观测卫星还包括：印度空间研究组织的"热带珍珠号"，它于 2011 年发射，用于研究热带地区的水循环；2013 年至今中国发射的"高分系列卫星"，为现代农业、防灾减灾、资源环境等领域提供服务；美国航天局 2018 年发射的"冰、云和陆地高程卫星 -2"（ICESat-2），用于探测极地冰层变化；等等。

左图　ENVISAT 卫星在荷兰进行飞行前的组装，并于 2002 年 3 月发射升空。2012 年，ENVISAT 卫星失去了与地面的联系，正式"退休"。科学家考虑将其从轨道上移除，因为它可能对其他卫星构成威胁。"哨兵"系列卫星接替了它的任务。

探索月球

第一个抵达月球的探测器是苏联的"月球 2 号"。1959 年 9 月，这个重达 390 千克的探测器撞向月球表面。虽然这次着陆并不是一次可精确控制的"软"着陆，但在 20 世纪 50 年代，能够抵达月球已算是巨大的成功。月球距地球约 38.4 万千米，在其轨道上围绕地球公转，因此，安全登月对于苏联而言实属胜利。

月球车

美国航天员阿姆斯特朗 1969 年 7 月成功登月行走 1 年多后，即 1970 年 11 月，第一辆无人驾驶月球车——苏联的"月球车 1 号"才抵达月球。"月球车 1 号"看起来更像是一台老式咖啡机，而不是一件高科技仪器。这辆安装有 8 个轮子的月球车十分可靠，它在月球表面缓缓行驶了 10 个月有余，向地球发回了大量月面照片。2019 年，中国的"嫦娥 4 号"探测器成功登陆月球背面，这是人类历史上的首次。

未来计划

自 1972 年"阿波罗计划"结束以来，人类尚未重返月球，但是很多科学家认为是时候回去了。美国航天局"阿尔忒弥斯计划"的目标是在 2025 年左右将一男一女 2 名航天员送上月球，并建立常态化驻留机制，为未来的载人火星登陆铺平道路。俄罗斯计划在 2025 年左右利用部分可重复使用的"雄鹰号"宇宙飞船进行载人绕月飞行，并在 2030 年实现载人登月。中国、日本和印度也宣布将在 2030 年前后实现载人登月。

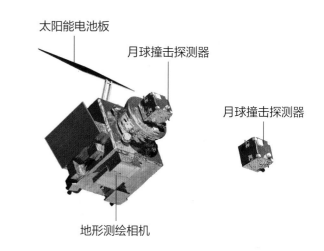

太阳能电池板　月球撞击探测器　月球撞击探测器

地形测绘相机

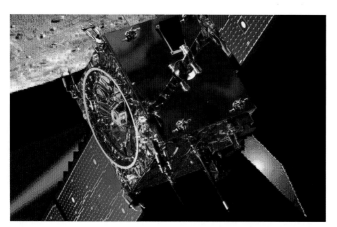

上图 2003 年，欧洲"智能 1 号"月球探测器发射升空，由于使用了太阳能离子发动机，"智能 1 号"仅用了 60 升的燃料便抵达月球轨道。2006 年，"智能 1 号"成功撞击月球并结束其任务。

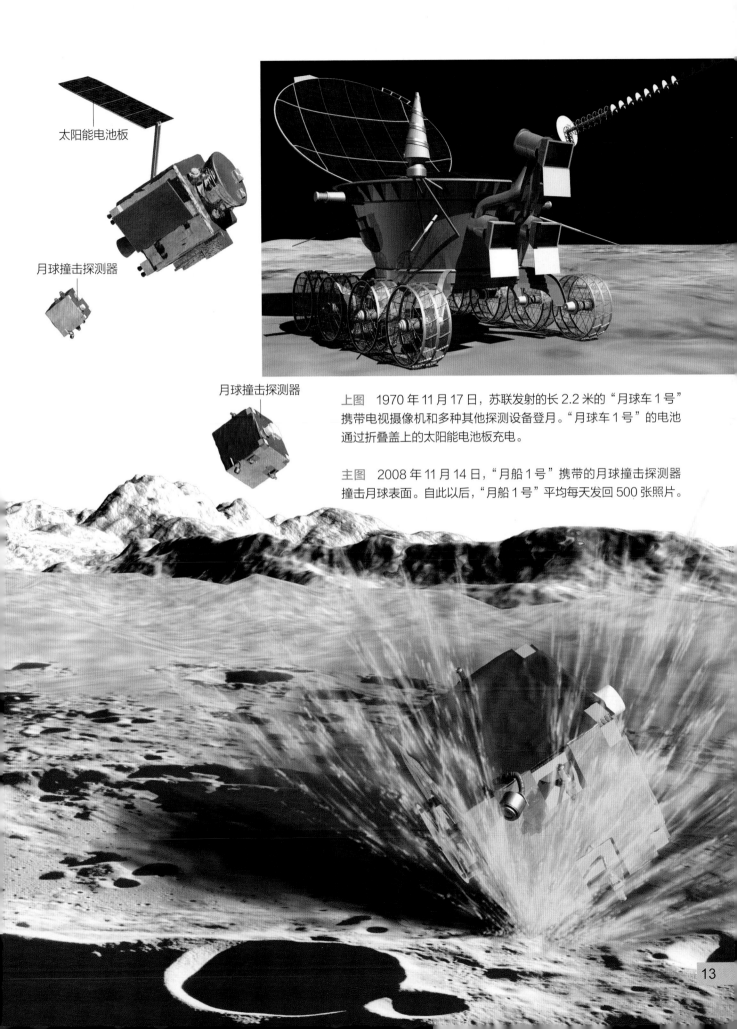

太阳能电池板

月球撞击探测器

月球撞击探测器

上图　1970 年 11 月 17 日，苏联发射的长 2.2 米的"月球车 1 号"携带电视摄像机和多种其他探测设备登月。"月球车 1 号"的电池通过折叠盖上的太阳能电池板充电。

主图　2008 年 11 月 14 日，"月船 1 号"携带的月球撞击探测器撞击月球表面。自此以后，"月船 1 号"平均每天发回 500 张照片。

揭秘火星

火星是一个遍布沙漠、沙尘暴频发和拥有冰冷极地的星球。火星赤道夏季白天的温度可高达35摄氏度，而极地冬季夜晚的温度则低至零下143摄氏度。火星上的空气比地球上最高山脉顶部的空气还要稀薄，因此未来的航天员可能需要配备带有呼吸和发热装置的航天服。即便如此，火星仍然是太阳系中与地球最相似的行星。

目标：红色星球

欧洲空间局的"火星快车"探测器于2003年底抵达这颗红色星球。探测器带有一个小型着陆器"猎兔犬2号"，目的是寻找火星上的生命迹象。但"猎兔犬2号"与探测器分离后，探测器再也没有收到过来自它的任何信号。2015年，美国的"火星勘测轨道飞行器"发现了"猎兔犬2号"，它在着陆后未能展开太阳能电池板。

寻找外星人

研究人员并没有奢望在火星上遇见"凸眼怪物"，但火星上仍有可能存在古菌甚至海洋生物化石的遗迹。科学家已经确认火星上存在大量的甲烷，这种气体主要来自生物，2004年"火星快车"第一次在火星大气中探测到甲烷。2008年，美国"凤凰号"火星探测器在火星上进行了5个月的探测，发现了火星表面下的水冰痕迹，由此推断火星上可能曾经存在海洋。

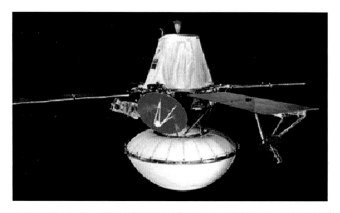

上图　1976年，美国"海盗号"火星探测器围绕火星旋转，并向火星的沙地表面发射着陆器。如图中所示，着陆器位于轨道器下方，包裹在减速伞中，着陆器携带的特殊微型实验室用以检测火星上的生命迹象，但到目前为止还未发现确凿证据。

右图　2003年，美国的"勇气号"和"机遇号"火星探测车相继发射。图中为此类火星探测车的示意图，其结构包括金属轮、全景照相机和能在火星环境下进行各种测试的仪器。

火星探测车在平面行进的最高速度约为5厘米每秒。约25厘米高的金属轮自带电动机，带刺的履带用于抓住粗糙的地表

需要保温的仪器安装在火星探测车主体内部

天线

照相机可以转动、倾斜，以拍摄到更广阔范围的火星表面

火星探测车机械臂携带的工具包括岩石磨损工具。它可以磨出约5毫米深的孔，以检测岩石内部成分

天线

太阳能电池板可以在白天发电

上图 2008年，"凤凰号"在火星上的探测仅维持了5个月，这是因为火星冬季的来临导致到达火星的阳光减少，无法为"凤凰号"提供足够的动力。近些年代表性的火星探测任务有：2021年2月，美国"毅力号"火星车降落在杰泽罗陨击坑，其上搭载的"机智号"火星直升机成功进行了多次动力飞行；2021年5月，中国的"天问一号"探测器降落在火星乌托邦平原，一次性实现"绕、落、巡"3项任务。

气球探测器

飞机探测器

轻型着陆探测器

上图 未来火星探测器的设想包括携带仪器的气球、飞机和各式各样的着陆器。

火炉世界

金星的英文名 Venus 源自罗马神话中的"爱神"维纳斯，它通常是天空中除太阳和月亮外最亮的天体。直到第一个空间探测器探访金星前，许多专家都认为金星可能是地球的一个更温暖、更茂盛的翻版。金星距离太阳更近，所以他们认为金星可能拥有热带气候和温暖的海洋，也许在其浓密云层的下面还存在潮湿的丛林，生活着嗜热的爬行动物。

致命的环境

20 世纪 60 年代至 80 年代初期，苏联发射了一系列的"金星号"探测器，其中许多在金星灼热的表面登陆。科学家从一系列任务中获取了关于金星温度、大气、磁场等的数据。金星表面温度比烤箱运行时的最高温度还要高出大约 1 倍，令人窒息的空气中充满了致命的硫酸，大气压也是地球上的 90 多倍。航天员如果登陆金星，会被煮熟、压扁，同时浸泡在硫酸里。

1989 年，美国航天局发射了"麦哲伦号"金星探测器，它使用雷达波束穿透云层，绘制了金星上几乎所有区域的地图。它在 1993 年完成了测绘工作，1994 年冲入金星稠密的大气中坠毁。

2005 年，欧洲空间局的"金星快车"探测器发射，科学家希望它能够帮助人们理解为什么大小、构成及离太阳距离都与地球类似的金星，却演变得与地球迥然不同。

上图 "麦哲伦号"从航天飞机机舱释放出来。该探测器使用当时最先进的雷达设备，在其轨道上对金星进行测绘。2021 年，时隔多年以后，美国航天局再次将目光投向金星，计划在未来 10 年发射"真理"和"达·芬奇 +"2 款金星探测器。

上图 地球（左）和金星差不多大小，两者的直径仅相差几百千米。金星上没有海洋，而且其表面的平均温度高达 475 摄氏度。

右图 在还没有被金星的极端环境毁坏之前，苏联的"金星号"只有极短的时间供它们向地球发送照片。

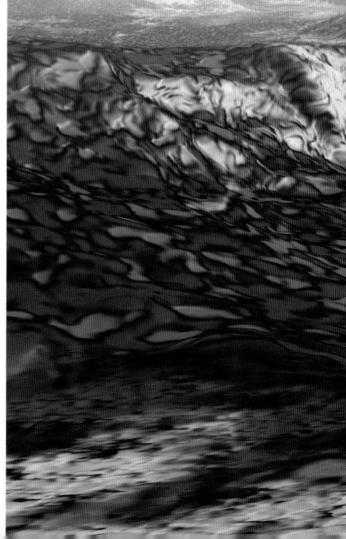

输送冷却水的管道

向轨道器发射信号的天线，轨道器将信号传回地球

金属盘帮助着陆器在通过厚重的大气时进行减速

拍摄相片的照相机系统

绝缘金属球能够使仪器在一段时间内保持冷却

减震器缓解在灼热表面着陆时产生的巨大力量

大世界之旅

一些探测器在太空中要到访的目标不止1个。早在20世纪70年代，科学家就意识到，他们可以利用木星这颗巨大星球的引力拉动高速飞过其附近的探测器，对这些探测器进行一次"免费"的弹射加速，使其飞向更遥远的宇宙。下一颗星球的引力能够继续推动探测器飞得更远。这样的计划意味着探测器在完成太空任务的旅途中，能够漫游2颗或3颗更远的星球，完成一次大世界之旅。

"旅行者号"的发射

1977年，2颗"旅行者号"探测器相继升空，时间仅相隔几星期。"旅行者1号"飞越了木星和土星，"旅行者2号"则进行了飞越4颗行星的太空之旅。1979年，"旅行者2号"飞越木星上空，稍后飞过土星，在土星引力的推动下于1986年飞掠天王星。3年之后，"旅行者2号"在笼罩着蓝色薄雾的海王星上方仅约4 800千米的地方掠过。在其漫长曲折的旅途中，"旅行者2号"发回了数以千计的图像，让我们对外太阳系（小行星带以外的区域）有了进一步的了解。

如今，"旅行者1号"和"旅行者2号"都已经飞离太阳风层，进入星际空间。预计它们的燃料和电力将在2025年耗尽，那时二者距离太阳的距离分别为220多亿千米和180多亿千米。之后，它们将无声地飘向宇宙深处。

引力弹弓

此后很多探索外太阳系的太空任务都依靠绕行星变轨或者说引力弹弓完成，包括2006年飞越火星的"新视野号"，它于2007年飞越木星。在2015年与冥王星相遇后，它在2019年1月近距离拍摄了一个名为"阿洛克斯"（Arrokoth）的雪人形状的柯伊伯带天体。科学家希望它在2035年左右仍能回传信息。

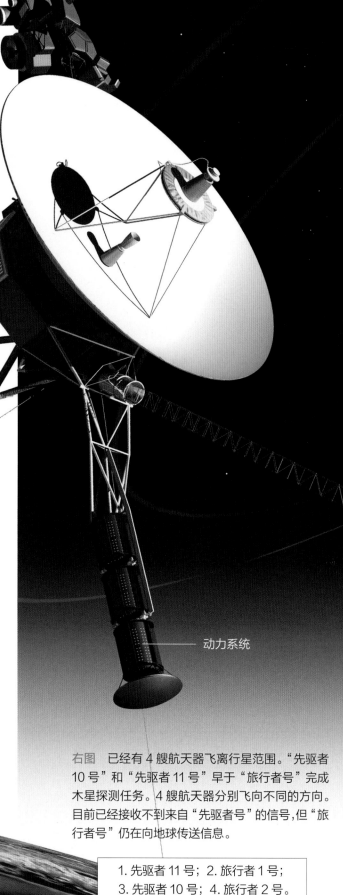

动力系统

右图 已经有4艘航天器飞离行星范围。"先驱者10号"和"先驱者11号"早于"旅行者号"完成木星探测任务。4艘航天器分别飞向不同的方向。目前已经接收不到来自"先驱者号"的信号，但"旅行者号"仍在向地球传送信息。

> 1. 先驱者11号；2. 旅行者1号；
> 3. 先驱者10号；4. 旅行者2号。

主图 "旅行者2号"历经12年才飞临海王星。图中展示的是它抵达海王星的卫星——海卫一附近时的场景。探测器发现海卫一表面存在巨大的喷出氮气的间隙泉。在这些遥远的星球上，阳光十分微弱，地球上的日光量是海卫一的900倍。

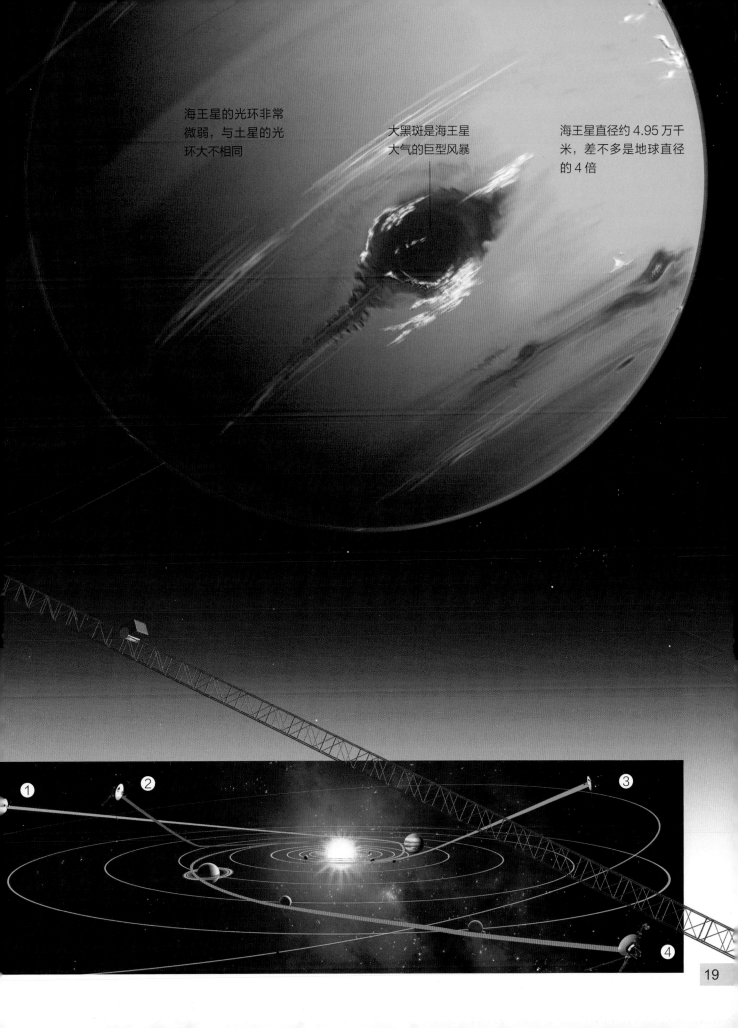

海王星的光环非常微弱，与土星的光环大不相同

大黑斑是海王星大气的巨型风暴

海王星直径约 4.95 万千米，差不多是地球直径的 4 倍

①

②

③

④

走近气态巨行星

火星之后是 4 颗气态巨行星，它们的体积比地球大得多。其中最大的一颗是木星，木星上布满了纵横交错的云带。木星上的大红斑是一种气旋风暴，体积巨大，南北宽约 1.4 万千米，东西长度一般为 2 万多千米（有变动）。大红斑已在木星上"肆虐"了 300 余年。木星拥有 79 颗卫星，是太阳系卫星数量第二多的行星。

瞄准木星

无人航天器已多次探访木星。20 世纪 70 年代，"先驱者号"和"旅行者号"拍摄了木星及其卫星的特写照片。1989 年发射的美国的"伽利略号"木星探测器是第一个环绕木星运行的探测器，对木星的多颗卫星进行了测绘。1995 年，"伽利略号"向木星厚厚的大气发射了一颗大气探测器。带着降落伞的大气探测器安全通过了大气的上层空间，但是在向隐秘的下层空间降落时被压坏。2003 年，"伽利略号"在其任务接近尾声时撞向木星，避免了与木卫二相撞，以免污染木卫二上被冰层覆盖的海洋，科学家猜测木卫二的海洋中或许存在着某种生命形态。欧洲空间局耗资 10 亿欧元打造、原定于 2022 年 5 月发射的"木星冰月探测器"，旨在探寻木卫二、木卫三、木卫四上的生命迹象。

旋转的测量师

木星可能包含有关太阳系形成的重要信息。"朱诺号"是一个新型的可旋转探测器，2016 年进入木星的极地轨道，执行详细研究这颗神秘星球的任务。2022 年 9 月 29 日，"朱诺号"在距离木卫二 352 千米处掠过，为其拍摄了 20 年来最近距离的照片。

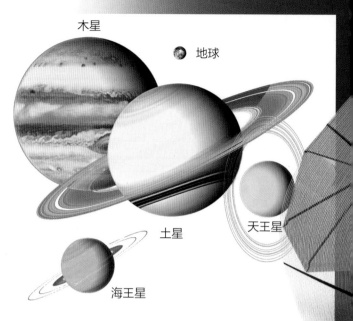

上图 太阳系的气态巨行星分别是木星、土星、天王星和海王星。它们都比地球大得多。木星可以容纳 1 300 个地球，还有多余空间。

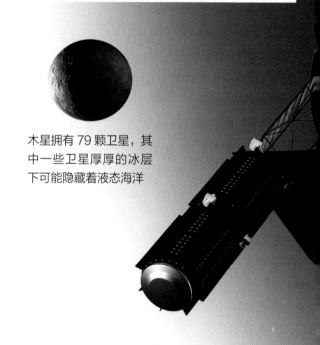

木星拥有 79 颗卫星，其中一些卫星厚厚的冰层下可能隐藏着液态海洋

主图 "伽利略号"向木星的旋涡云层发射执行单程任务的大气探测器。

左图 "朱诺号"于 2011 年发射，历时约 5 年抵达木星。"朱诺号"在这颗气态巨行星的北极与南极之间绕行，避开木星的死亡辐射带。

与地球通信的天线

历时 14 年的任务结束后，2003 年 9 月，科学家将"伽利略号"引向木星大气焚毁，避免其未来与木星的卫星相撞

2 个吊杆上的发电设备提供电力

与大气探测器通信的天线

大红斑

测量木星磁场的传感器

大气探测器穿透木星大气的外层，在被压坏前进行了约 1 个小时的测量

登陆土卫六

土星拥有迷人的光环，人类已多次发射探测器对土星的卫星进行探索，代表性的一次是美国发射的"卡西尼 – 惠更斯号"，其主探测器"卡西尼号"以意大利天文学家卡西尼的名字命名，卡西尼于 1675 年发现了土星环之间的缝隙。"卡西尼号"携带了一个小型的子探测器"惠更斯号"，它是以荷兰物理学家、天文学家惠更斯的名字命名的。

飞行计划

1997 年 10 月，"卡西尼 – 惠更斯号"在美国佛罗里达州卡纳维拉尔角发射升空。经过了近 7 年的太空旅行后，该探测器于 2004 年抵达土星轨道。"惠更斯号"在进入土星轨道几个月之后脱离"卡西尼号"，穿过土卫六外围厚厚的大气，展开降落伞，实现软着陆，从此为人类开辟了新世界。

神秘目标

"惠更斯号"的设计旨在揭开土卫六——土星最大的卫星的神秘面纱。土卫六的体积比水星和冥王星都要大，拥有雾霭弥漫的浓密大气（主要成分为氮气，其余有甲烷等），早期的探测器难以穿透土卫六厚厚的大气。研究人员认为土卫六的表面环境可能与 40 多亿年前还未拥有生命的地球相似，但是比地球冷得多。在土卫六上发现了很多地貌特征，包括湖泊、河流、山脉以及降雨和降雪的痕迹。土卫六表面平均温度低至零下179 摄氏度，在这样的情况下，水冻结得像岩石一样坚硬，而在地球上以气态形式存在的甲烷，在土卫六上像液体一样在河道和湖泊中流动。"惠更斯号"向人类展现了由巨大沙丘和甲烷湖组成的奇异地貌。科学家猜测土卫六的地下可能存在蕴含着微生物的液态海洋。美国航天局计划在 2027 年向土卫六发射"蜻蜓号"新型空间探测器（无人机），它将于 2036 年左右抵达土卫六，然后在其表面执行多次飞行任务，寻找生命迹象。

土星直径约 12 万千米，是地球直径的 9 倍多

主图 "卡西尼号"轨道器释放"惠更斯号"着陆器。"惠更斯号"冲向土卫六的外层大气，然后在合适的时机打开降落伞，实现软着陆。

右图 第一个在外太阳系的天体上登陆的探测器。"惠更斯号"开始对土卫六——太阳系内第二大的卫星进行研究，土卫六直径达 5 150 千米。图片使用艺术的手法展现了在土卫六上看到土星升起的情形，然而由于云层较厚，实际上在土卫六上无法看到土星升起的景象。

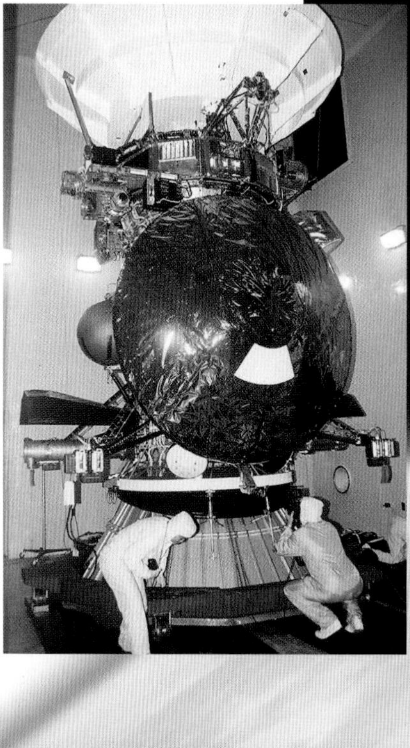

右图 技术人员做"卡西尼 – 惠更斯号"发射前的准备。他们在无菌环境下工作，确保探测器以最好的状态升空。

构成土星环的主要物质是冰块，其大小不等，小如尘土微粒，大如房屋一般

太阳风暴

太阳是距离地球最近的一颗恒星，地球万物的生存都依靠太阳提供持续的光和热。然而，尽管太阳如此重要，科学家目前还无法准确知道太阳是如何运行的，也不能准确地预测太阳耀斑（简称耀斑）。耀斑是太阳大气局部区域的一种剧烈爆发活动。1973 年爆发的耀斑在短短 90 秒内，将一团巨大的氢云向太空中吹了 56.3 万千米远。耀斑向宇宙释放的致命辐射，会对航天员的健康构成严重威胁。在地球上，太阳能量的变化会影响气候以及作物的生长。由于这些因素的存在，同时也出于科学家们浓厚的兴趣，自 20 世纪 60 年代起，人类已经发射了多个探测器对太阳进行研究。

太阳瞭望台

SOHO 是美国与欧洲的联合项目，1995 年 10 月在美国佛罗里达州卡纳维拉尔角发射升空。通过该探测器的日常观测，研究人员能够绘制出太阳风暴和耀斑爆发图，并预测此类事件发生的概率。但事情不总是一帆风顺，1998 年，SOHO 突然神秘地沉寂了数月之久，直到工程师成功地解决了问题。

2006 年，"日地关系观测台"（包括 2 个几乎相同的探测器 STEREO-A 和 STEREO-B）从卡纳维拉尔角发射升空。该观测台将从 2 个不同的角度研究太阳，提供 3D 影像。STEREO-A 仍在运行，而 STEREO-B 则在 2014 年失去了联系。2010 年发射的"太阳动力学观测台"旨在研究地球环境如何受到太阳变化的影响，它将一直工作到 2030 年左右。2018 年发射的"帕克太阳探测器"旨在从前所未有的近距离观测太阳，它在 2021 年成功穿越日冕，成为首个"接触"太阳的探测器。中国于 2022 年 10 月成功发射了先进天基太阳天文台"夸父一号"，其科学目标为研究"一磁两暴"（太阳磁场、耀斑和日冕物质抛射）。

耀斑和日珥的出现使太阳的部分物质快速进入宇宙深处。SOHO 测量到气体以 300 万千米每小时的速度飞驰

SOHO 携带了 12 台仪器，用于观测太阳表面、耀斑和太阳风暴。SOHO 也发现了多颗彗星。到 2020 年，SOHO 已经发现了大约 4 000 颗彗星

下图 在太阳的色球层，庞大的气体云形成巨型日珥。这次日珥现象持续了数小时。

8：03　　9：53　　11：15　　11：31　　11：35　　11：42　　11：55　　12：10

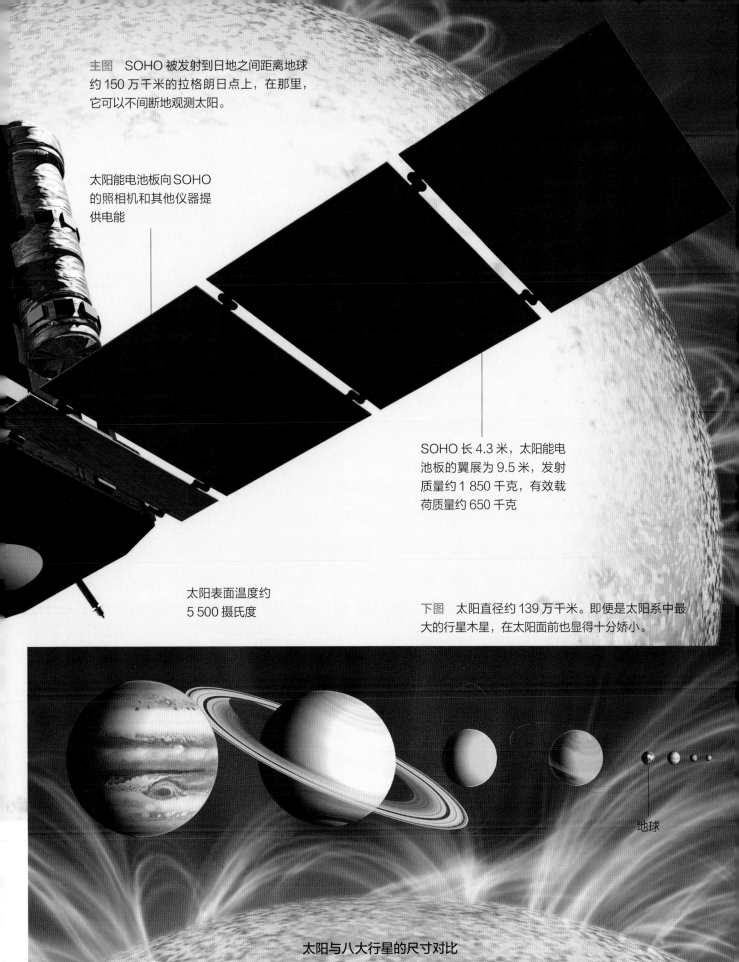

主图 SOHO 被发射到日地之间距离地球约 150 万千米的拉格朗日点上,在那里,它可以不间断地观测太阳。

太阳能电池板向SOHO的照相机和其他仪器提供电能

SOHO 长 4.3 米,太阳能电池板的翼展为 9.5 米,发射质量约 1 850 千克,有效载荷质量约 650 千克

太阳表面温度约 5 500 摄氏度

下图 太阳直径约 139 万千米。即便是太阳系中最大的行星木星,在太阳面前也显得十分娇小。

地球

太阳与八大行星的尺寸对比

探索小行星

小行星可以简单理解为绕日运行的大块岩石。有一种推测认为小行星可能是数十亿年前行星形成后的残骸。小行星大小不一，既有直径不到1千米的"太空卵石"，也有直径几百千米甚至上千千米的小行星。至今未有航天员登陆小行星，第一个登陆小行星的探测器是"会合－舒梅克号"，它于2000年成功降落在爱神星上。

宇宙中的岩石

爱神星看起来像一个用岩石做成的大土豆，长约34千米，宽13千米，表面布满了陨击坑。那里的1天仅持续5个多小时。爱神星上的重力很小，一个在地球上体重为34千克的小孩，在爱神星上用同样的体重秤测出来的体重仅为21克，他只要跳一步就能飞向宇宙。这样一颗小行星对"会合－舒梅克号"是一个非常小的目标，但是飞行了3.16亿千米后，探测器还是成功进入了靠近小行星的轨道。在轨道上进行了近1年的探测和拍摄后，科学家控制它降落到了爱神星表面。在极端寒冷导致其关闭前，它持续传递了16天的信号。

"黎明号"任务

2007年，"黎明号"小行星探测器发射升空，开启了长达30亿千米的驶向小行星带的旅程。它在2011年7月至2012年9月绕灶神星运行，然后飞向小行星带中最大的天体——谷神星（被划分为矮星）。谷神星的地下可能存在液态水的海洋。日本宇宙航空研究开发机构2014年发射的"隼鸟2号"探测器从小行星"龙宫"上采集了样本，科学家在其中发现了重要的生命分子——氨基酸。

金箔将探测器的主体与宇宙中的极端温度环境隔离开

喷气式推进器使探测器保持在正确的角度

右图·左 爱神星不可能与地球相撞，但是有些小行星会靠近地球。2002年6月，一颗小行星与地球擦肩而过，距离地球仅12万千米，该距离不到地球与月球距离的三分之一。图中的飞船起飞后执行转变小行星飞行方向的任务，避免其与地球相撞。

右图·右 许多研究人员认为恐龙的灭绝是数千万年以前小行星撞击地球导致的。撞击能够使海水沸腾，掀起巨大的海啸，对气候产生数十年的影响。

主图 "会合－舒梅克号"使用高度专业化的工具收集有关爱神星的数据，并发回了 68 张小行星表面的特写照片。

天线用于与地面
进行通信

太阳能电池板
用于发电

追逐彗星

小行星并不是宇宙中唯一存在的"碎片"，还有数量繁多的彗星一起在黑暗的宇宙中流浪。彗星分为彗核、彗发、彗尾3部分，其中，彗核一般被认为是由岩石、冰、尘埃颗粒和冻结的气体组成的，就像个脏雪球一样。彗星在寒冷的外太阳系漂流，远离海王星和冥王星的轨道，但有些彗星会光顾内太阳系或者太阳附近的空间。当彗星逐渐接近太阳时，太阳的热量会蒸发掉它的一些物质，随后它形成一条巨大的发光彗尾。彗尾由气体和尘埃组成。据推测，一条长达160万千米的彗尾所含的颗粒物仅能装满一个中等大小的行李箱。

彗星撞击

1986年，"乔托号"彗星探测器成功飞临了著名的哈雷彗星。随后美国在1999年发射了"星尘号"探测器，其主要任务是探测"怀尔德2号"彗星。2004年，"星尘号"成功收集了彗尾样本，在经过约48亿千米的旅行后，于2006年返回地球。科学家仔细研究了彗尾中的尘埃物质，发现其中的许多物质正是构成早期恒星和行星的原料。

"乔托号"和"星尘号"所完成的任务仅仅是临近彗星，而2005年发射的"深度撞击号"空间探测器则携带了一个洗衣机大小的撞击器，它撞进了"坦普尔1号"彗星的彗核，导致大量的彗核物质喷射而出。科学家希望通过这次受控撞击帮助人们更好地了解彗星和太阳系的形成过程，以及彗星撞击地球时可能发生的状况。

2004年，欧洲空间局发射了"罗塞塔号"，这是一个对彗星进行长期观测的空间探测器。"罗塞塔号"在2014年进入环绕丘留莫夫-格拉西缅科彗星的轨道。"罗塞塔号"对彗星的彗核进行了测绘，并为其小型着陆器"菲莱号"选择了一个着陆点，以探测彗星冰冷的核心。

主图 "星尘号"飞过"怀尔德2号"彗星的彗尾。构成该彗星的物质是太阳系诞生时遗留下来的，因此，彗星物质的样本将向科学家展示数十亿年前太阳系的场景。

右图 "罗塞塔号"释放的着陆器降落在冰冷的彗核，收集样本后返回地球。

收集到的彗尾样本被放置于返回舱以带回地球

太阳能电池板为仪器提供电力

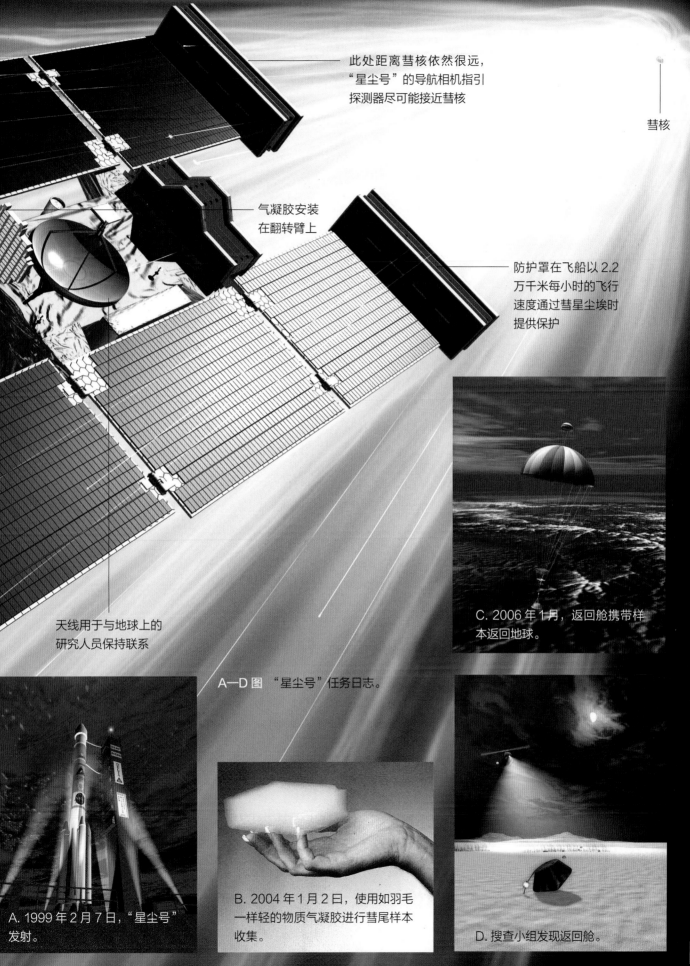

此处距离彗核依然很远，"星尘号"的导航相机指引探测器尽可能接近彗核

彗核

气凝胶安装在翻转臂上

防护罩在飞船以2.2万千米每小时的飞行速度通过彗星尘埃时提供保护

天线用于与地球上的研究人员保持联系

A—D图 "星尘号"任务日志。

C. 2006年1月，返回舱携带样本返回地球。

A. 1999年2月7日，"星尘号"发射。

B. 2004年1月2日，使用如羽毛一样轻的物质气凝胶进行彗尾样本收集。

D. 搜查小组发现返回舱。

坑坑洼洼的星球

水星是距离太阳最近的行星，与太阳的平均距离仅5 800万千米。水星自转速度很慢而公转速度很快，太阳连续2次出现在水星中天的时间间隔为176个地球日，而水星的公转周期仅为88个地球日，也就是说水星上的1太阳日等于2水星年。水星昼夜温差极大，正午时分，气温高达427摄氏度，足以把人烧焦，而午夜的温度则低至零下183摄氏度。

水星的密度很高，在其岩石地幔之下是一颗金属含量极高的核，水星核的质量至少占据水星质量的60%，而地球和金星的核只有自身质量的三分之一左右。水星有一个与地球相似的磁场，但是同为岩质行星的火星和金星却没有磁场。

1974年，美国"水手10号"探测器飞过水星表面。它发现水星拥有极其稀薄的大气，其拍摄的照片显示，水星像月球一样，是一个遍布陨击坑、环形山和平原的星球。水星上最大的陨击坑名为卡路里盆地，直径约1 300千米。研究人员认为卡路里盆地是大约39亿年前一颗小行星撞击水星后形成的。

极限探测

"水手10号"取得了巨大成功，但也仅拍摄了不到一半的水星地形。因此新型探测器"信使号"重返水星，帮助我们更多地了解这颗神秘、死寂的星球。"信使号"的遮阳板是一块非常厚、极为耐热的陶瓷，能够使探测器在轨道运行期间经受住太阳的高温。

在2008年和2009年，"信使号"3次飞掠水星，并在2011年进入环绕水星的轨道，"信使号"围绕水星旋转1圈需12小时。2012年，美国航天局的专家称，"信使号"在水星两极地区笼罩在阴影中的陨击坑内发现了水冰。2013年，它完成了对整个水星表面的测绘。2015年任务结束后，"信使号"以撞击水星的方式结束了生命。

2018年，欧洲和日本联合开发的"贝皮·科伦坡号"探测器发射升空。它计划在1次飞掠地球、2次飞掠金星、6次飞掠水星后，于2025年进入绕水星的轨道。它将对水星的内部和表面结构进行详细研究。

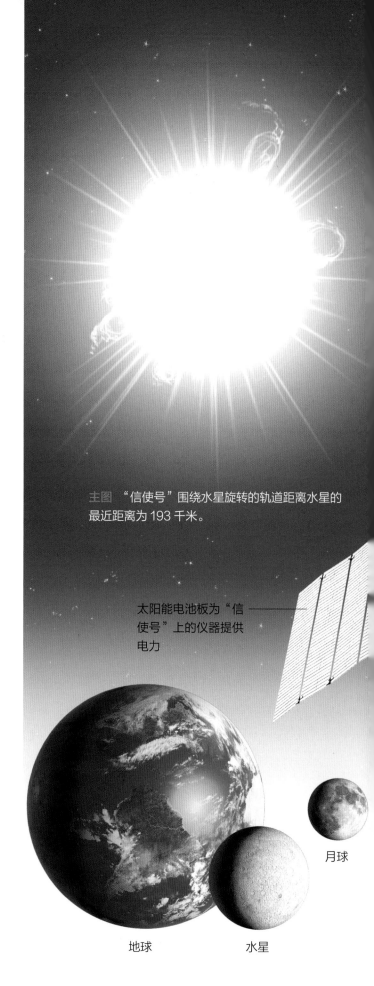

主图 "信使号"围绕水星旋转的轨道距离水星的最近距离为193千米。

太阳能电池板为"信使号"上的仪器提供电力

月球

地球　　　　水星

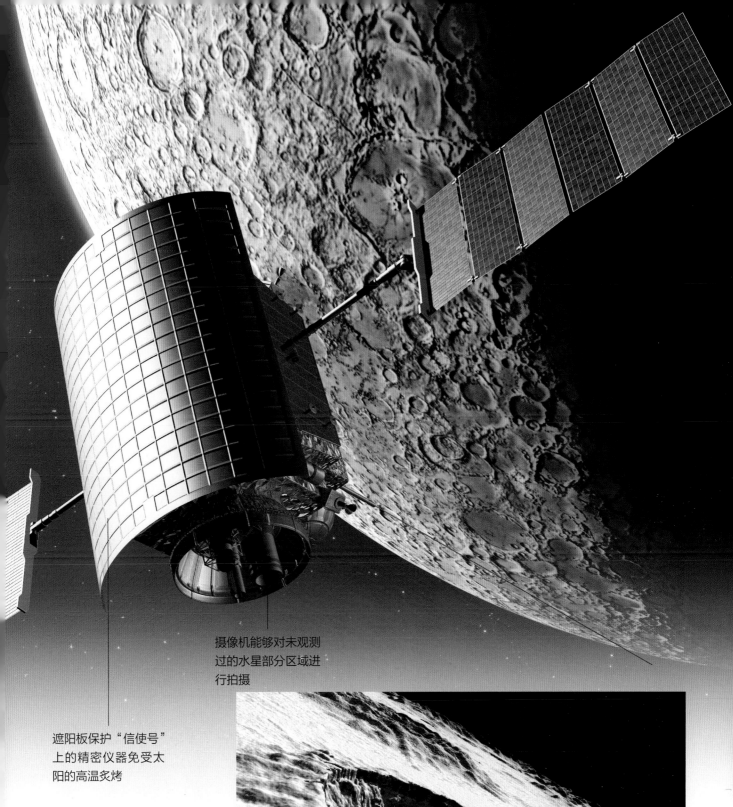

摄像机能够对未观测
过的水星部分区域进
行拍摄

遮阳板保护"信使号"
上的精密仪器免受太
阳的高温炙烤

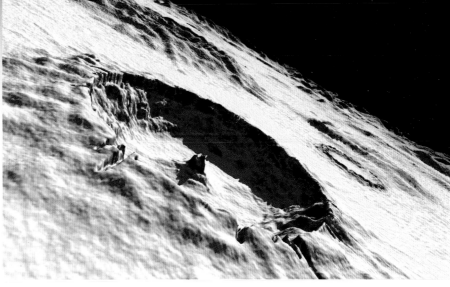

左图　水星是太阳系内最小的行星，
其大小介于地球和月球之间，直径为
4 878 千米。

右图　"水手 10 号"发回了数千张水
星照片。

"新视野号"探测器

遥远的矮行星冥王星及其卫星——冥卫一卡戎、冥卫二尼克斯、冥卫三许德拉还没有探测器着陆过。"新视野号"探测器于 2006 年发射，2007 年它飞过木星时借助其引力场达到约 8 万千米每小时的最大速度。2015 年"新视野号"在飞掠冥王星时，与其表面的最近距离约为 9 600 千米。在飞行的过程中，"新视野号"大部分时间保持休眠状态，它每周向地球发射 1 次信标信号，以便科学家监控探测器的运行状况。

第一次亲密接触

哈勃空间望远镜拍摄的照片显示，冥王星的一部分地区比煤还要黑，而另一部分地区比雪还要白——这些地方很有可能是冷冻气体构成的冰原，温度低至零下数百摄氏度。冥王星最大的卫星卡戎的直径大约为冥王星的二分之一，二者组成一个双星系统。有人认为应将卡戎也划分为矮行星，而不是冥王星的卫星。冥王星与卡戎之间存在潮汐锁定，即二者一直以同一面朝向彼此。"旅行者 2 号"在海王星的卫星——海卫一上发现了间歇泉，也许卡戎也存在类似的特征，抑或是有更奇异的景象等待被发现。

飞向更深处

飞过冥王星后，"新视野号"继续向柯伊伯带深处挺进。柯伊伯带位于海王星轨道外侧，是短周期彗星的发源地。它与木星和火星之间的小行星带相似，但小行星带天体主要由岩石和金属构成，而柯伊伯带天体则主要由冻结的低沸点混合物构成。冥王星、妊神星和鸟神星都是柯伊伯带的矮行星。

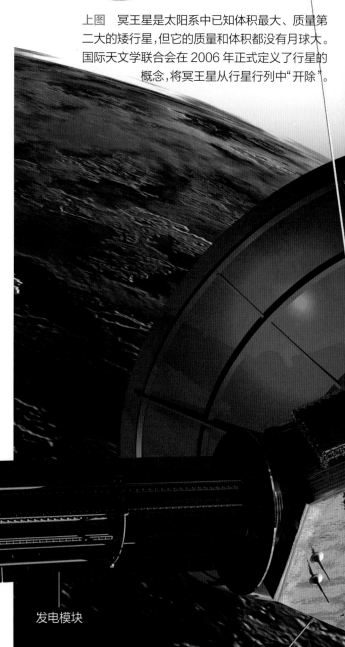

地球
月球
冥王星
卡戎

上图 冥王星是太阳系中已知体积最大、质量第二大的矮行星，但它的质量和体积都没有月球大。国际天文学联合会在 2006 年正式定义了行星的概念，将冥王星从行星行列中"开除"。

发电模块

主图 "新视野号"飞掠冥王星。当探测器飞驰而过时，迎着太阳的卡戎就像一轮新月。

强大的天线将信
号传回地球

相机能够拍摄冥
王星上宽度小至
60 米的物体

上图 冥王星的冰冷表面可能与图中的类似。冥
王星的天空中飘浮着薄云，但是大气的密度仅为
地球的大约十万分之一。冥王星上极为寒冷，几
秒就能使人冻僵。

太阳如此遥远，以至于
它看起来只是一颗明
亮的星星，只给冥王星
提供很少的热量

时空之旅

　　哈勃空间望远镜是一座像大型校车一样大小的太空瞭望台，在环地轨道上观测宇宙，摆脱了大气中尘埃和污染的影响。哈勃空间望远镜在1990年发射升空，除维护期外，一直运行至今。哈勃空间望远镜的第五次维护在2009年5月完成，航天员乘坐"亚特兰蒂斯号"航天飞机将望远镜升级。这次维护大幅改善了哈勃空间望远镜的视野，并延长了其使用寿命，其继任者詹姆斯·韦布空间望远镜于2021年底发射升空。

时间观测者

　　光的速度是30万千米每秒，阳光到达地球仅需大约8分钟，因此我们看到的阳光已经是8分钟前太阳发出的光芒。哈勃空间望远镜能够观测到来自数百万甚至数十亿光年外天体发出的光芒，由此拍摄的照片正是宇宙历史的掠影。哈勃空间望远镜拍摄的久远的照片展示了宇宙更为年轻时的样貌，使研究者能够了解宇宙的变迁。

　　哈勃空间望远镜自运行以来，已经拍摄了数以千计的照片，拍摄对象包括太阳系其他行星、遥远的恒星以及发光的气体云等。有些天体的体积巨大，即使整个太阳系与其相比都显得十分渺小。研究人员已经发现了5 000多颗系外行星，也就是围绕着太阳系外的恒星转动的行星。

　　2009年5月，2架空间望远镜搭载"阿丽亚娜5号"运载火箭升空，然后从火箭分离，飞向各自的最终轨道：赫歇尔望远镜是迄今为止向太空发射的最大的远红外望远镜，它将用于研究恒星和星系的形成与演化；而普朗克望远镜将分析大爆炸后的残留物质。

主图 望远镜设备安装在哈勃空间望远镜的镜筒里，被巨大的折叠式遮光罩保护，而电子设备主要在望远镜的后部。

右图 哈勃空间望远镜拍摄的照片：
A. 从尘埃和气体中诞生的星系。
B. 恒星爆炸后的残骸。
C. 火星的外貌。
D. 从1996年到2000年拍摄的土星景象。

A

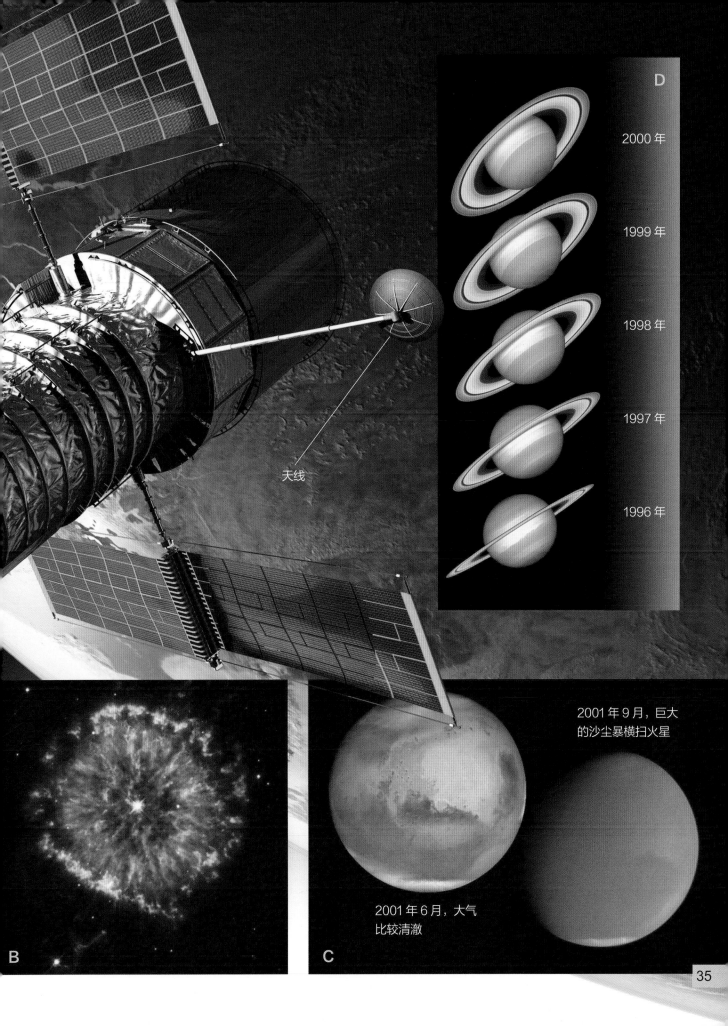

天线

D

2000 年

1999 年

1998 年

1997 年

1996 年

2001 年 9 月，巨大
的沙尘暴横扫火星

2001 年 6 月，大气
比较清澈

B

C

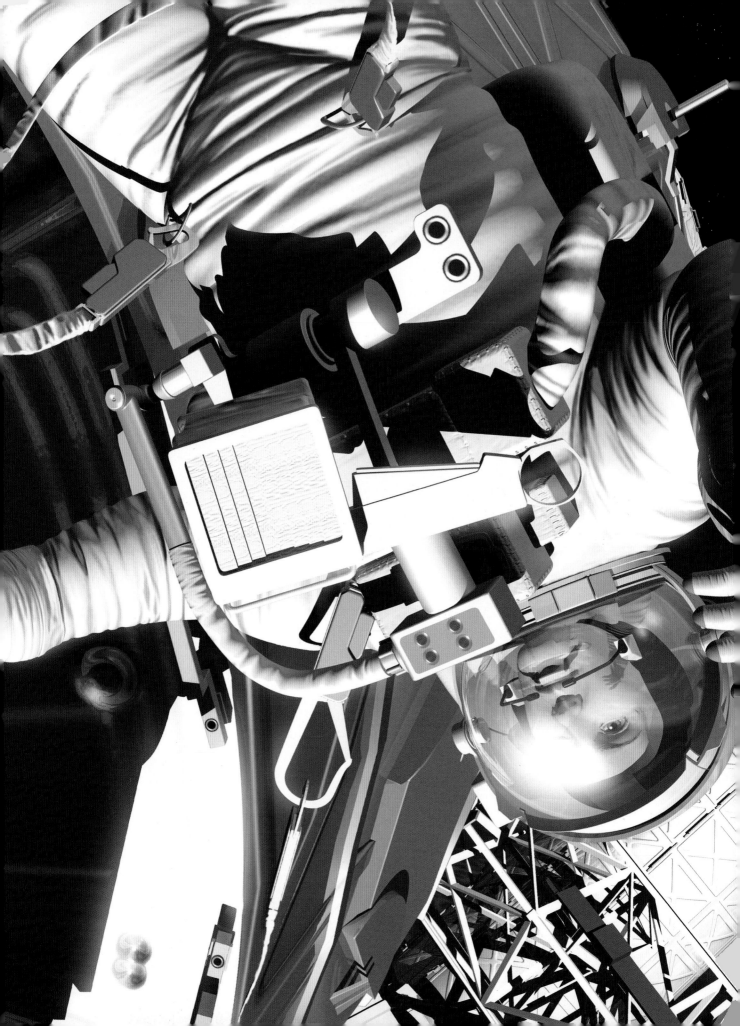

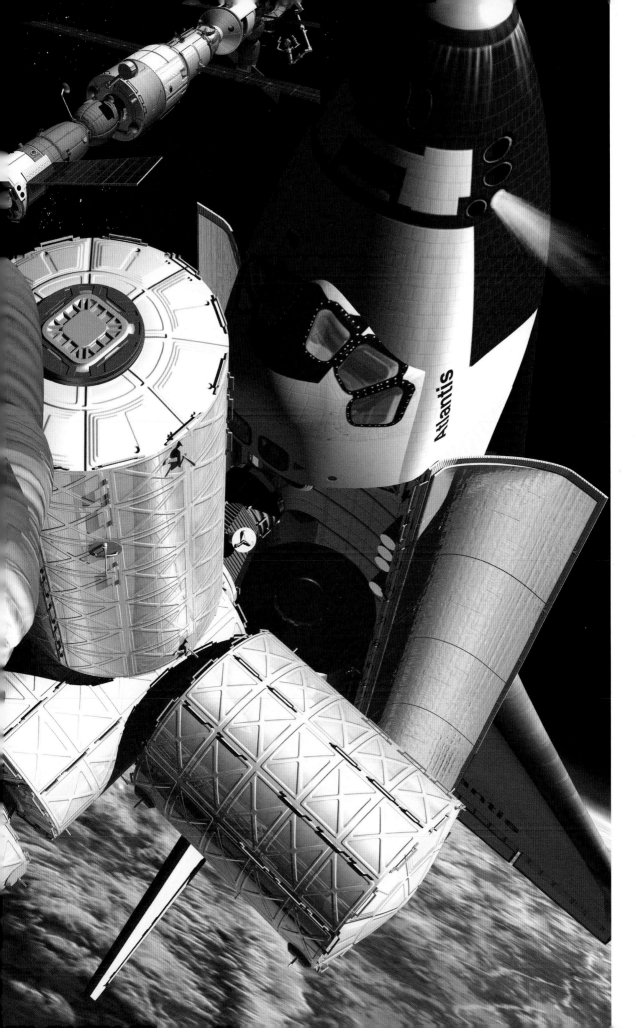

空间站

太空前哨

作为人类的太空前哨，空间站已经不算是新奇的想法。多年以前，科幻小说家就在故事中对类似的轮状结构进行了描写。但直到 20 世纪 70 年代，苏联的"礼炮号"系列空间站和美国的天空实验室（用"土星 5 号"火箭的第三级箭体改造而成）的发射升空，才使这一构想成为现实。

苏联的"和平号"空间站在轨运行了 15 年，直到 2001 年结束使命。国际空间站从 20 世纪 90 年代开始兴建，于 2010 年完成建造任务，转入全面使用阶段，预计在 2024 年退役。国际空间站的组件由美国的航天飞机和俄罗斯的火箭运送至太空。

太空实验

国际空间站的意义何在？虽然已经有游客到访过国际空间站，但它并不是一座太空旅馆，其真正的作用是作为一个巨大的太空研究实验室，测试许多对科学进步有价值的东西。例如，假如未来要在月球建设永久基地，建设国际空间站积累的技术和经验将至关重要。

与人类福祉和地球未来直接相关的一些重要实验已经设计完成，例如寻找更高效的能源使用方法，以及如何改善空气和水的质量。这些实验对生活在国际空间站的工作人员至关重要，也将使地球的生活更加美好。

为什么要专门去太空进行科学实验呢？这是因为太空可以提供长期的微重力和辐射等特殊环境。此外，太空仪器位于大气之外，避免了大气中的尘埃、水蒸气和污染的影响。例如，空间望远镜拥有更清晰的视角，因此天文学家能够观测宇宙深处，发现更多宇宙的奥秘。

右页图　长桁架是国际空间站的轻量级"骨干"。一名航天员正在使用特殊螺丝刀拧紧国际空间站上新安装的结构螺栓。航天员可以进行数小时的太空行走，他们的背包里有用于供给氧气以及加热和冷却的装备。

上图　苏联 130 吨重的"和平号"空间站于 2001 年返回地球，在大气中分解后落入南太平洋。

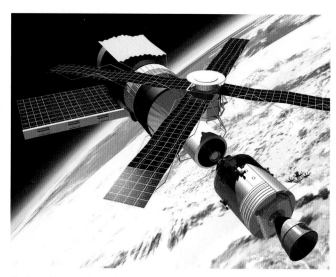

上图　美国天空实验室于 1973 年发射升空，1979 年进入大气坠毁。

上图　最后一套太阳能电池板和日本"希望号"实验舱的最后部分于 2009 年安装至国际空间站。

空中岛屿

国际空间站背后的事实和数据都表明这是一项十分庞大的工程。国际空间站长约110米，宽约88米，是有史以来人类搭建的最大的空间平台。国际空间站结构庞大复杂，重达450吨。国际空间站的内部空间和一架大飞机差不多，只是大部分空间用于安装机械和科学设备。国际空间站早期只能支持3名航天员同时在上面工作和生活，后来这一数字增加为7名。

国际空间站的建造

将这样一个巨大的结构组装起来并非一蹴而就的事情。国际空间站由众多模块或太空舱构成，它们在太空中紧密结合并固定在一起，就像一个巨大的模型工具箱。在这些部件中就包括俄罗斯制造的"曙光号"功能货舱，它是第一个发射的国际空间站组件（1998年11月）。"曙光号"携带的发动机可以调整国际空间站在太空的轨道高度和位置，它也设置了对接口，方便与携带来自地球的新鲜食物、空气以及其他重要给养和设备的货运飞船对接。

国际空间站距离地球并不遥远，其轨道高度约为400千米，这个距离仅相当于开车在高速公路上行驶约4个小时。有时可以通过肉眼观测到国际空间站在夜空中闪烁。观测它的最佳时间是黎明来临前或太阳落山后。

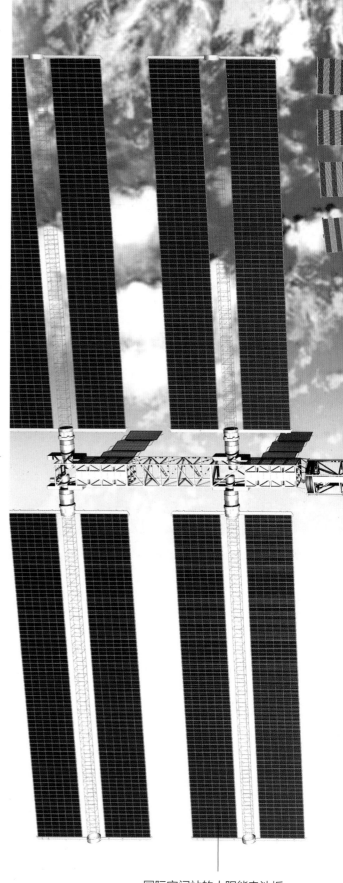

国际空间站的太阳能电池板

上图 组成国际空间站的模块必须制造得十分精确，才能在进入轨道后实现精准接合。

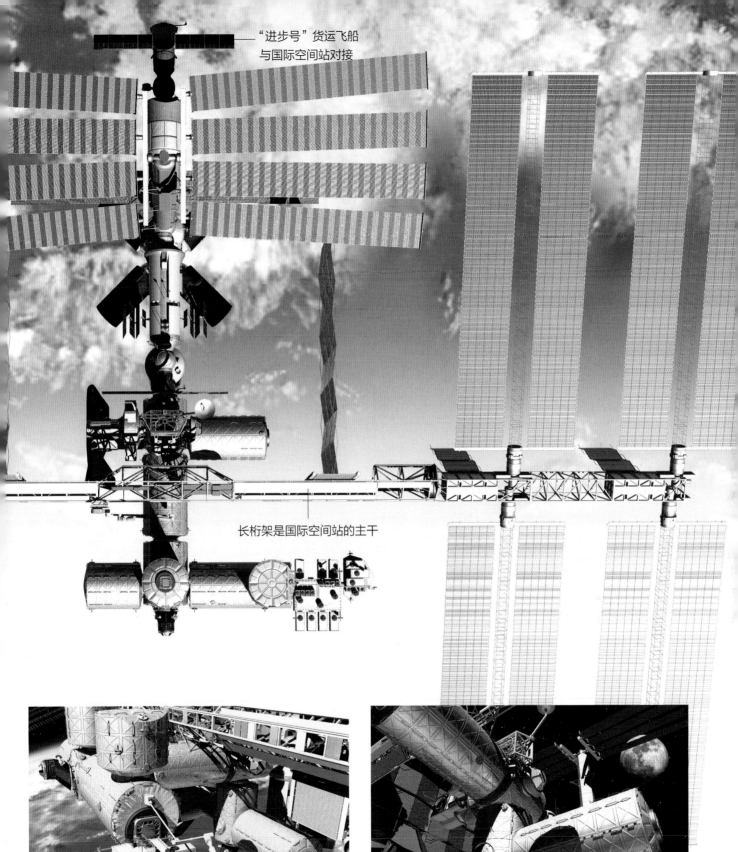

"进步号"货运飞船
与国际空间站对接

长桁架是国际空间站的主干

上图　国际空间站是由 16 个国家共同建造和运行的，日本制造的 "希望号" 实验舱由美国的航天飞机分 3 次送上国际空间站。

上图　太阳能电池板在太空中提供电力。它们将太阳能转化为电力，使国际空间站复杂的系统得以正常工作。

轨道观测者

国际空间站以 2.8 万千米每小时的速度绕地球运行，围绕地球旋转 1 周仅需 90 分钟。因此，国际空间站上的科学仪器和航天员能够对地球进行 360 度全景观测。

观测地球

科学摄影是检查地球健康状况最有效的方法之一。国际空间站在轨道运行时所携带的设备可以观测到地球表面约四分之三的面积。国际空间站设计的在轨观测时间为 15 年。国际空间站上的工作人员能够对环境污染、天气模式和气温等领域的变化进行精确而持续的监测和测量，这些信息能够帮助科学家对可能严重危及地球生命的全球变暖和污染加剧进行预警。一些其他机构和个人也能从这些数据中受益，例如，农民可以据此规划其粮食生产等。

国际空间站上的工作人员的另外一项重要使命就是全面地研究宇宙环境。研究太阳、观察太空"天气"、观测恒星和行星，都是这些工作人员的任务。与在地球上做实验相同，研究人员能够发现事物如何随着时间推移而演变。当然，也有许多科学家质疑派遣人类操作者的必要性，但即便是在很多仪器可以远程操控的情况下，一些实验的进展还是需要人类进行检查。

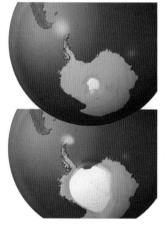
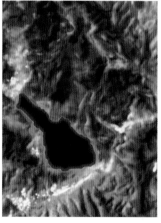

上图·左　国际空间站可以跟踪地球大气存在的问题，这是南极上空臭氧洞变化的图片。

上图·右　这张山区图使用专门的颜色显示细节，黑色区域是水源，黄色区域是森林火灾区。

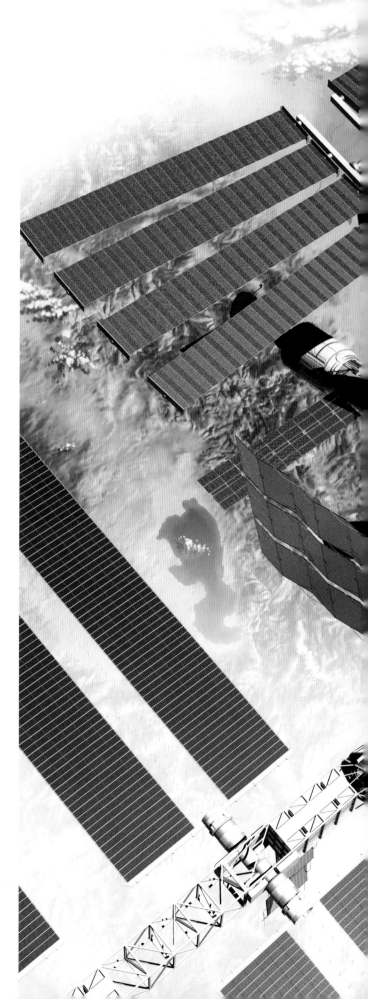

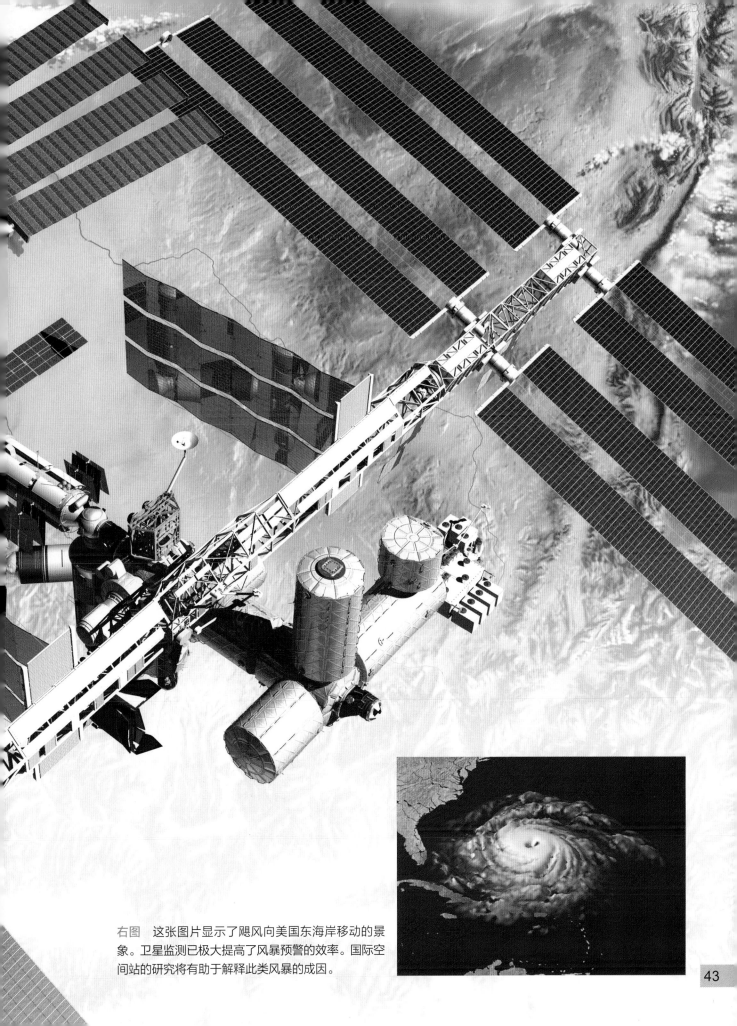

右图　这张图片显示了飓风向美国东海岸移动的景象。卫星监测已极大提高了风暴预警的效率。国际空间站的研究将有助于解释此类风暴的成因。

连接太空

航天飞机是一种往返于近地轨道和地面之间的可重复使用的航天器。除第一架航天飞机"企业号"用于测试目的外，美国已成功制造了5艘航天飞机——"哥伦比亚号""挑战者号""发现号""亚特兰蒂斯号"和"奋进号"。但不幸的是，"挑战者号"在1986年发射升空时爆炸解体，而"哥伦比亚号"在2003年重返大气时于空中解体。在2011年最后一次航天飞机任务结束前，航天飞机一直是国际空间站的主要交通工具，运送工作人员进入或离开国际空间站，运输货物以及搭建国际空间站所需的各种工作舱和其他构件。航天员和给养也通过俄罗斯的航天器运输，包括"联盟号"载人飞船和"进步号"货运飞船。与国际空间站对接的航天飞机货舱前端装有对接适配器，但货舱仍有足够的空间运送物品。

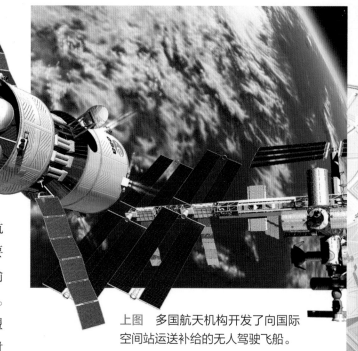

上图 多国航天机构开发了向国际空间站运送补给的无人驾驶飞船。

"运输卡车"

国际空间站的运行需要数量巨大的给养物资。多功能后勤舱就像是国际空间站的"运输卡车"，用于运输精密仪器和补给物品，每个多功能后勤舱每次能携带9吨物品。多功能后勤舱位于航天飞机的货舱内，能够与国际空间站对接。航天员爬过对接口，将货物移入国际空间站，随后多功能后勤舱离开国际空间站，重新回到航天飞机货舱，准备返回地球。多功能后勤舱由意大利航天局制造，并使用意大利历史上著名的艺术家——列奥纳多、多纳泰罗和拉斐尔的名字来命名。

上图 一个多功能后勤舱正通过遥控臂与航天飞机的货舱分离。它在运送补给时与主站保持对接。

2012年，无人驾驶的"龙"飞船成为第一艘与国际空间站对接的商业飞船。除了将货物运输到国际空间站，它还可以将3.5吨重的物品运回地球。第二代"龙"飞船有货运版和载人版（可搭载7名航天员）2种版本。2020年，载人"龙"飞船进行了首次载人飞行测试。

右图 一架航天飞机正在接近国际空间站。舱门呈打开状态以便散热器散发来自太阳的热量。航天飞机携带了一个新的工作舱。

"亚特兰蒂斯号"航天
飞机与2号加压对接
适配舱对接

日本"希望号"
实验舱

美国离心机
工作舱

欧洲"哥伦布号"
实验舱

美国"命运号"
实验舱

Atlantis

45

太空生活

虽然在太空生活与在地球上一座普通的房子里生活有很大不同，但有些活动却是类似的，比如吃饭、睡觉和洗漱。不过泡澡还是个奢望，国际空间站的航天员只能在一个密闭的舱室里用少量经过处理的再生水快速冲个澡。国际空间站上的洗手间也是经过特殊设计的，装有很多管道和一个真空泵来吸走排泄物。食物大多是提前准备好的，用微波炉加热后即可食用。所有食物残渣必须仔细收集并放入密封袋里，哪怕是微小的面包渣，一旦跑出来都可能进入精密仪器中，造成仪器损坏。假如悬浮在舱中的食物残渣被航天员吸入肺中，可能会导致窒息。

锻炼和休闲

在国际空间站生活，进行体育锻炼十分必要。重力缺失会造成肌肉萎缩和骨骼变脆，所以人们研制出了特殊的机器帮助航天员保持身体健康。人在太空中可以随意飘浮，"屋顶"也能当"地面"使用，因此对航天员来说，在太空的一大优势就是，与地球上体积相同的地方，可供自由活动的空间会更大。航天员还有一项在地球无法享受的待遇，那就是可以透过舷窗欣赏地球和太空叹为观止的美。一天的工作结束后，航天员回到可以挂在任何地方的睡袋里休息。

运载补给仓的航天飞机

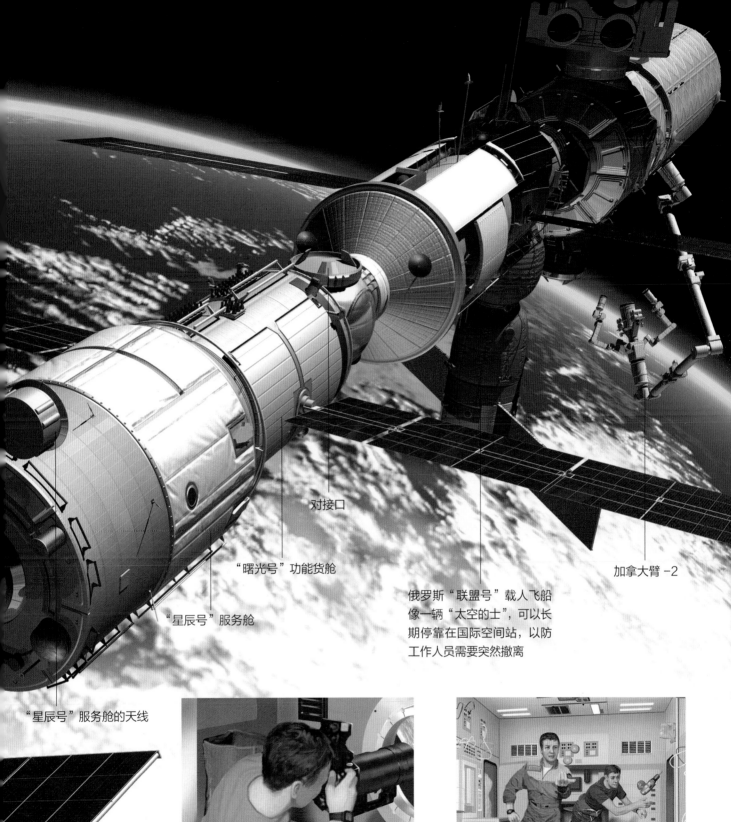

对接口

"曙光号"功能货舱

"星辰号"服务舱

俄罗斯"联盟号"载人飞船
像一辆"太空的士",可以长
期停靠在国际空间站,以防
工作人员需要突然撤离

加拿大臂 -2

"星辰号"服务舱的天线

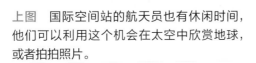

上图　国际空间站的航天员也有休闲时间,
他们可以利用这个机会在太空中欣赏地球,
或者拍拍照片。

上图　在国际空间站内部飘浮意味着你可以
把舱内的 6 个面都当成地面,但是你得小心,
周围的工具和设备可不会躲着你飘走。

太空行走

　　第一座空间站由于体积较小，科学家通过一次发射就能将整座空间站送入太空轨道。但国际空间站体积极其庞大，无法一次发射入轨，因此，国际空间站的大部分搭建工作需要在太空完成。太空中的很多搭建工作都可以通过远程遥控机械臂或自由飞行的飞船完成，但总有一些时候航天员需要穿上航天服，进入太空冒险。太空行走，或者说"出舱活动"，给人一种奇妙的自由之感。但是在太空这样致命的环境中，太空行走可能会很危险，因此安全措施极为重要。航天服就像一艘"迷你飞船"，如果没有氧气供应以及加热和冷却系统，航天员在太空中生存的时间估计不会超过 2 分钟。进行太空行走的航天员面临被太空碎片撞击的危险——来自废弃卫星的太空碎片飞行速度是子弹的数倍，可以穿透航天服，引起压力降低。

　　2008 年，一个拥有长达 3.35 米的机械臂的系统成为国际空间站的一员，接管了部分维修工作，减少了航天员进行太空行走的次数。而这个耗资 2 亿美元的机械臂系统，其部件到达国际空间站后需要航天员进行 7 小时的太空行走以完成组装。

工作在太空

　　虽然近些年来航天服有了很大的改进，但仍然十分庞大和笨重。航天员通过绳索与国际空间站主体结构相连，从而避免与飞船分开。太空舱外侧安装有可抓握的手柄，方便航天员在国际空间站周围活动。如果活动距离超过绳索伸直的长度，或为了更自由地进行太空活动，航天员会穿着载人机动装置，其外形像一个巨大的旅行包，通过控制高压氮气的喷出来改变飞行的速度、方向和姿态。2008 年，一名航天员在维修国际空间站的太阳能电池板时丢失了一个工具包。这个公文包大小的工具包飞向太空，是人类进行太空行走以来丢失的最大物品。

右图·上左　2 名航天员在水箱里练习太空组装。在水里漂浮与在太空中飘浮十分相似。潜水员在一旁准备随时协助。

右图·上右　国际空间站的许多任务都可以通过加拿大制造的机械臂（"加拿大臂"）完成，其就像是大号的航天飞机手臂。

右图·下　航天员在进行出舱活动前，先要进入气闸舱，然后关闭内侧舱门，将气闸舱的空气泵出后，再打开外侧舱门。

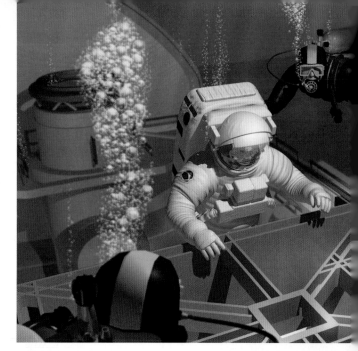

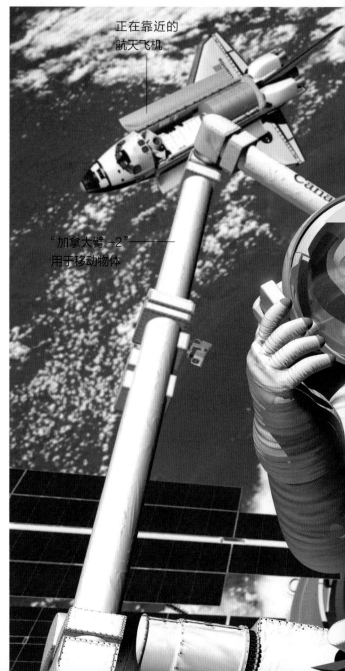

正在靠近的航天飞机

"加拿大臂-2"——用于移动物体

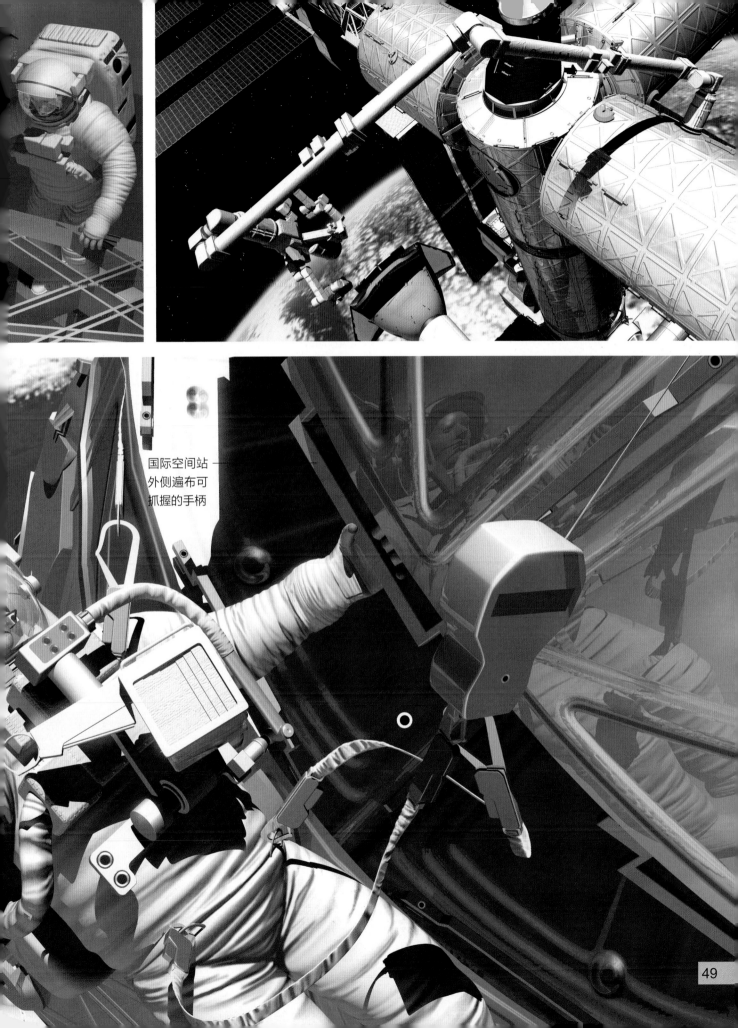

国际空间站
外侧遍布可
抓握的手柄

太空险情

　　尽管人们已竭尽全力降低风险，但所有的太空飞行都存在一定的潜在危险。早期的空间站也发生过一些问题，其中之一就是1997年"进步号"货运飞船与"和平号"空间站相撞。撞击造成空间站的电力供应急速减少，甚至整个空间站都面临毁灭的危险。但危急时刻，空间站上的航天员及时进行了必要的抢修，保护"和平号"空间站幸免于难，化解了致命危机。

太空中的危险

　　除了与飞船相撞，空间站也面临被称为"流星体"的小块太空岩石击中的危险。这些岩石在太空中以数十千米每秒的速度急速运行，在这样的高速下，一颗豌豆大小的微粒就具备穿透墙壁的能量。

　　此外，其他危险还包括空间站上的设备故障。例如供氧中断，航天员们在氧气耗尽前仅有有限的时间进行修复。为应对危急情况，通常情况下至少有1艘救生飞船与国际空间站始终保持对接，或位于国际空间站附近，一般是稳定性较好的俄罗斯"联盟号"载人飞船，它将定期更换以保证时刻处于最佳运行状态。

损坏的太阳能电池板

"进步号"货运飞船的撞击使舱体脱离

主图　在这个噩梦般的场景中，"进步号"货运飞船撞向国际空间站。

右图·左　未来像这样的"太空救生船"将能够把空间站的航天员送回地球。

右图·中　1997年，"进步号"货运飞船撞向"和平号"空间站"光谱号"增压舱的太阳能电池板。这次事故极其严重，但没有人员伤亡，"和平号"空间站得到修复，并继续工作了4年。

右图·右　遥控机器人用于修理损坏的太阳能电池板。这样的"帮手"能减少航天员不必要的太空行走。

与国际空间站对接的救生飞船，在必要时用于工作人员撤离

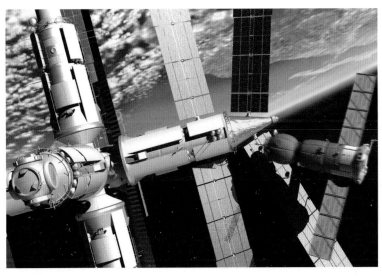

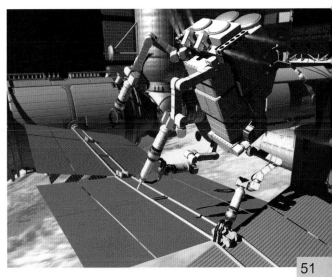

未来宇宙

太空潜艇

2002 年，研究人员在位于北冰洋的斯匹次卑尔根岛对一个名为"穿冰机器人"的探测器进行测试。这个探测器被设计用于穿透坚硬的冰层，它利用加热系统使冰层融化从而穿透冰层，而不是使用强力电钻进行穿冰。在测试过程中，"穿冰机器人"顺利穿透至地表以下 23 米处。这次成功测试为未来探测木卫二冰冻表面以下的区域准备了条件。

生命迹象？

"伽利略号"木星探测器拍摄的木卫二图像激起了科学家对这颗卫星的浓厚兴趣。这些照片显示木卫二被厚厚冰层覆盖的表面下可能存在海洋。一些科学家认为，有水就可能有生命。

深度探索

木卫二的探测器应包括 3 个主要模块。第一个模块留在绕木卫二的轨道上，并在那里释放第二个模块——"穿冰机器人"着陆器。"穿冰机器人"将通过融化方式穿透冰层（部分冰层厚度达 19 千米），与地表间通过通信电缆连接。进入冰层下的空间后，"穿冰机器人"会"卸货"，也就是释放第三个模块。第三个模块像一个微型机器人潜艇，离开"穿冰机器人"后对周围的水域进行探索，探寻生活在这个隐秘世界里的生命的痕迹。

下图　被冰层覆盖的木卫二直径约 3 100 千米，比地球的卫星——月球稍小。木卫二是木星的第四大卫星。

这些线条显示木卫二表面的冰层发生过多次破裂与再冻结

木卫二冰层的底部

上图　"穿冰机器人"通过融化方式进入冰层后，向地表伸出一条通信电缆，通过低功率天线向轨道器发射信息，然后轨道器使用更为强大的发射器将细节信息接力传回地球。在地球上，海底火山在水下形成"热点"。成群的生物，如奇特的蠕虫和盲蟹，都生活在这些"热点"周围。

"穿冰机器人"在穿
透冰层后停止运行

转向尾翼使得微
型机器人潜艇能
在水下机动

螺旋桨系统推动
微型机器人潜艇
向前或向后移动

如果在木卫二上发现生
命，它们很有可能类似于
生活在地球海底的蠕虫或
其他简单生物

机头部分安装了
摄像机和传感器

海底火山喷出的高温气体
和滚烫岩浆使周围水域变
得温暖

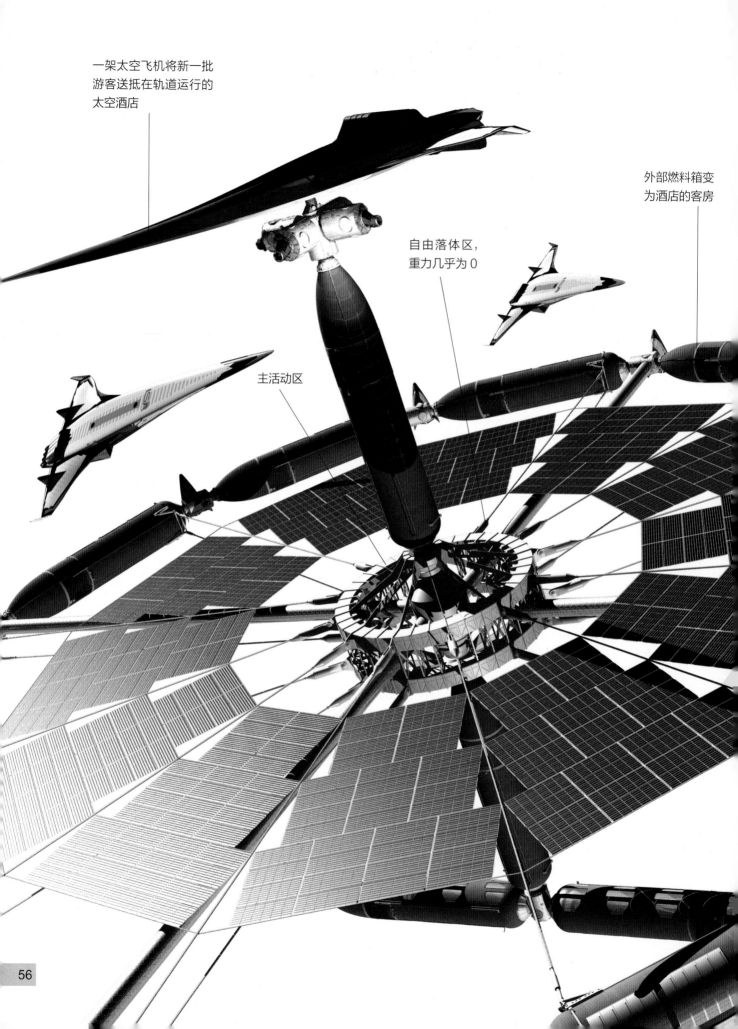

一架太空飞机将新一批
游客送抵在轨道运行的
太空酒店

外部燃料箱变
为酒店的客房

自由落体区，
重力几乎为 0

主活动区

太空之旅

"我想去太空，什么时候能带我去？"这是许多人对太空最主要的兴趣。目前，大众化的太空度假还未能实现，太空旅行主要针对的还是专业的航天员。即便如此，也有一些非专业人士实现了去太空观光的梦想，不过每次太空旅行往往要花费巨额资金。2001年，第一位太空游客丹尼斯·蒂托去往国际空间站游览了8天。

太空酒店

虽然面向普通大众的太空旅行还未成为现实，但这并未阻止人们实现这一梦想的脚步。在轨道运行太空酒店这一设想十分盛行，一种观点是使用航天飞机的外部燃料箱来建造。在燃料用尽后，外部燃料箱将坠入大气燃烧，难以回收。然而，每个外部燃料箱内的空间有700多立方米，比一般的独立式房屋还要宽敞。一组外部燃料箱连接在一起就构成了独特太空酒店的基础。

随着越来越多的人进入太空，需要找到一种高效、经济的方式将他们带到目的地。最终我们将建造像普通飞机一样能够在机场起飞和降落的太空飞机或"超级飞机"，它们将由火箭和喷气式发动机提供动力。

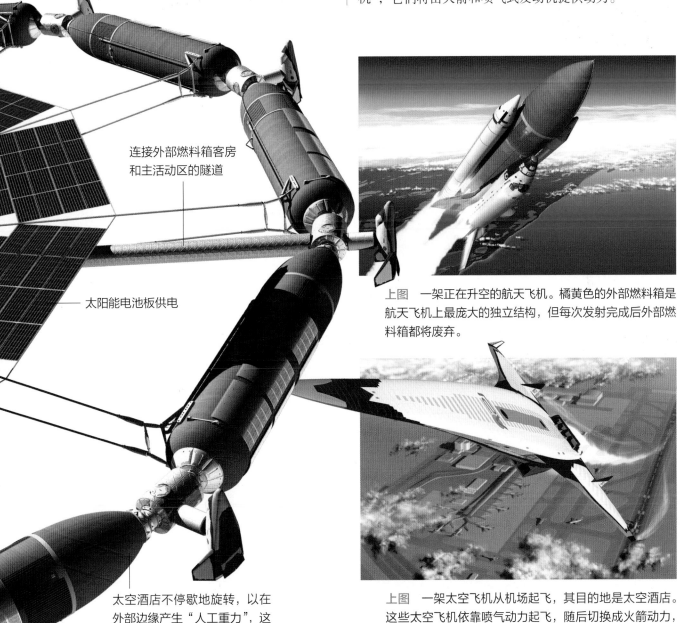

连接外部燃料箱客房和主活动区的隧道

太阳能电池板供电

太空酒店不停歇地旋转，以在外部边缘产生"人工重力"，这意味着你不会从床上飘起来

上图 一架正在升空的航天飞机。橘黄色的外部燃料箱是航天飞机上最庞大的独立结构，但每次发射完成后外部燃料箱都将废弃。

上图 一架太空飞机从机场起飞，其目的地是太空酒店。这些太空飞机依靠喷气动力起飞，随后切换成火箭动力，飞升至轨道。

作战基地

虽然世界各国已签署了各种禁止将太空作为战场的条约，但军事卫星已在太空运行多年。这些卫星包括"间谍"卫星，它们能够在距离地球数百千米的高空轨道上详细地观察地球。

军事规划者们试图在太空建造导弹防御系统以抵御敌人的导弹袭击（这种场景可以称为现实版的"星球大战"）。这一设想旨在对导弹进行定位和追踪，并在导弹发射后不久或在其进入轨道的过程中将其摧毁。

人们构想了更多的概念武器。其中一种使用大功率激光束造成敌军失明或烧毁敌方的飞船；另外一种使用"粒子束"，这是一种高能定向粒子流，用来破坏来袭导弹的电子设备。

太空子弹

轨道炮用电磁力代替传统火炮中的火药燃气压力来发射炮弹。这种动能武器通过赋予"太空子弹"巨大动能，利用直接碰撞的方式将敌方导弹一举摧毁。但此类用于"星球大战"的武器需要大量的计算才能正常工作，因此许多科学家认为这些武器难以取得完全的成功。

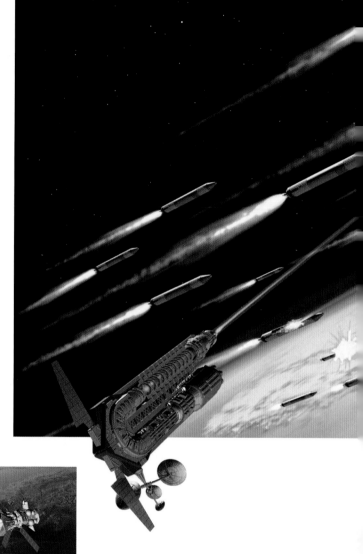

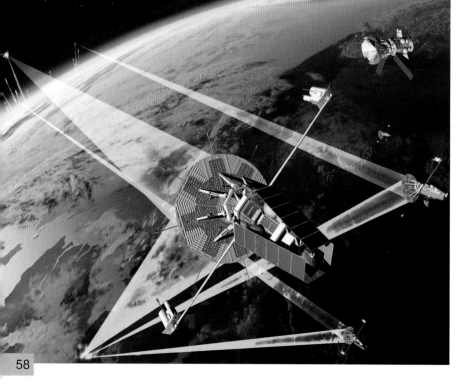

左图　可以从地球上发射激光束，对准太空中装有巨型反射镜的卫星，激光束经卫星反射后攻向敌方导弹。

右图·左　一旦"开火"命令键被按下，武器系统的控制权便会转移给计算机——人类的反应速度太慢，无法连续击中在太空中高速移动的目标。

右图·右　轨道炮对准导弹发射"太空子弹"，但瞄准必须极其精确。

— 导弹到达飞行路
线的最高处

粒子束武器

粒子束破坏导弹的电子
设备，造成导弹偏离航
向或提前爆炸

粒子束武器的动力由搭
载的核能发电机提供

接收和发送指令的天线

太空工厂

目前我们只能猜测未来的太空工厂能生产什么东西，但在太空生产有许多显而易见的优势，其中之一就是近乎失重的环境——通常称之为微重力环境。在太空中的航天器上，重力只有地球上的千分之一甚至十万分之一。

从我们已知的生产制造过程来看，这种微重力环境有利于晶体的生长。另一种能够从微重力环境受益的材料是泡沫金属。如果在熔化的金属中注入气泡，在保证同样强度的同时，金属的质量会更轻。在地球上，气泡会浮到金属表面，而在太空中气泡会在金属内均匀分布。

在轨测试

太空的另一个优势是真空。在地球上可以创造出真空环境，但人造的真空很难像太空那样纯净。一些材料已经在国际空间站和航天飞机上的真空环境中进行过测试。

航天飞机携带的酬载真空尾迹屏罩设备能够提供更大的真空度。测试结果可以告诉我们一些特定材料（例如计算机零部件上的极薄涂层）是否更适合在太空进行制造。这些测试将帮助我们决定未来的太空工厂如何建设。

对接口

原料储存舱

新一代的货运飞船——"太空卡车"将向太空工厂运输原料，并从那里将成品运回地球

太阳能电池板供应电能

主图 太空工厂由各种模块构成，不同模块负责不同的生产过程。

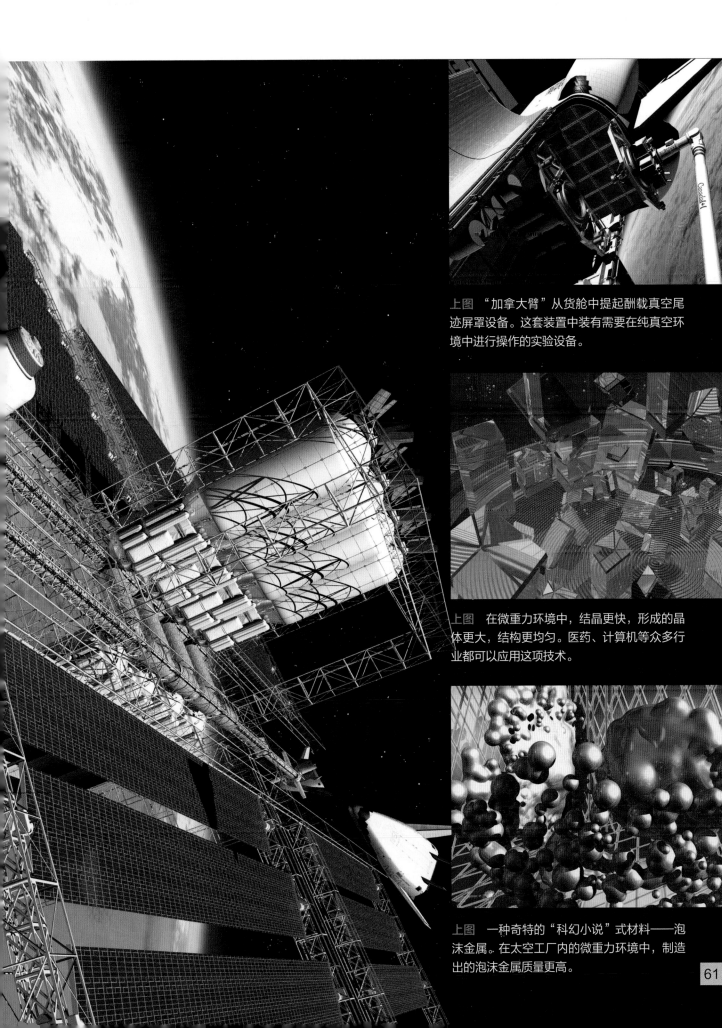

上图 "加拿大臂"从货舱中提起酬载真空尾迹屏罩设备。这套装置中装有需要在纯真空环境中进行操作的实验设备。

上图 在微重力环境中，结晶更快，形成的晶体更大，结构更均匀。医药、计算机等众多行业都可以应用这项技术。

上图 一种奇特的"科幻小说"式材料——泡沫金属。在太空工厂内的微重力环境中，制造出的泡沫金属质量更高。

太空医学

与太空医学有关的新闻罕见于报端，但这类研究对人类未来至关重要。国际空间站的科学家研究的内容包括找出在没有地球引力的作用下人体骨质疏松和肌肉萎缩的原因。找到问题症结与应对方法，对于人类未来进行深空旅行必不可少。另一项研究着眼于辐射对于人体的影响。在地球上，厚厚的大气像毯子一样保护着人类，但即便如此，皮肤在没有任何保护措施下长期经受日光灼晒还是可能会引发皮肤癌。大气外的辐射强度远高于大气内，辐射可能造成细胞死亡、诱发癌症、损坏神经。

许多医学诊断工具和治疗设备，如计算机断层扫描术、核磁共振、肾透析机、心脏起搏器、肌肉刺激装置的发展都部分归功于航天技术的进步。

医用轨道飞行器

这里展示的未来医用轨道飞行器将用于承接国际空间站上航天员已开展的工作。边缘位置以彩色编码的药品舱是自动化迷你工厂，药品舱内的微重力环境更易于制造出贵重药品，并且造出的药品品质更好。这些药品舱会定期被卸下来并被带回地球。

医学家们在医用轨道飞行器的中枢区进行进一步的研究。中枢区设有急诊室，用于给太空工作者进行治疗。未来将会有更多的人在太空生活和工作，他们在受伤或患病后可能需要更多护理，而这些仅靠普通飞船上的标准医药箱是无法完成的。在这些医用轨道飞行器上工作的医生们能够尽可能提供最好的治疗。

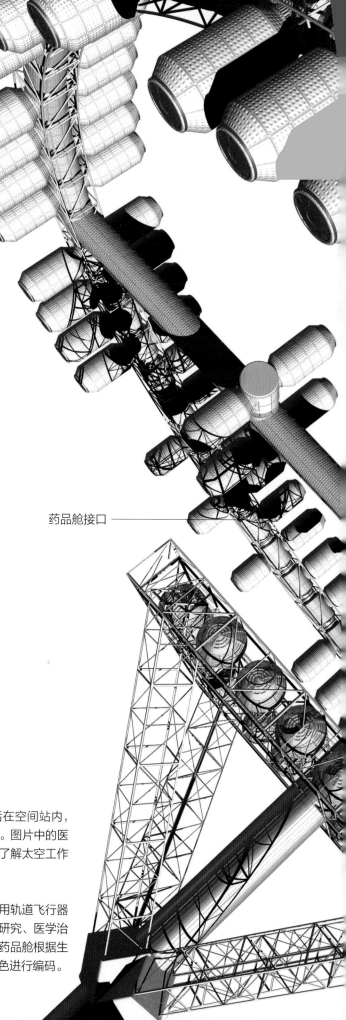

药品舱接口 ————

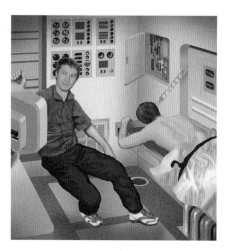

左图　在太空中，包括在空间站内，进行定期体检十分必要。图片中的医生正在使用计算机设备了解太空工作者的健康状况。

右图　医疗中心位于医用轨道飞行器的中枢区，设置了医学研究、医学治疗和长期护理等区域。药品舱根据生产的产品类型用不同颜色进行编码。

技术人员通过走廊
模块检查药品舱是
否正常运行

太空发电站

这是一个在轨道运行的太空发电站。巨大的太阳能电池板将太阳能转化为电能，随后太空发电站向锥形宇宙飞船发射高能激光束，进而使其产生大量蒸汽动能。

激光束

激光束与一般的白色光束（如手电筒光束）大不相同。手电筒打开后，光线覆盖范围较广，强度会迅速变弱，而激光束的发散度极小，因此能量也能维持在较高水平。

宇宙疾行

激光束瞄准小型的锥形飞船，这类锥形飞船仅有一箱水作为"燃料"。激光束射向锥形飞船底部，激光的热量使水瞬间沸腾，变成过热蒸汽。锥形飞船尾部形成的气浪推动飞船前行，这就像早期航天器的火箭发动机的超级版本。锥形飞船在"超强推力"下急速前进，其加速度远远超过常规火箭。

锥形飞船大小不一，但图中这艘锥形飞船的大小和一把扶手椅差不多。麻雀虽小，五脏俱全，飞船上装满了各式微型传感器和其他设备。

太空发电站产生的能量足够发射出能跨越数百万千米宇宙空间的激光束。发电站有2个定向发射口，每次能够为2艘锥形飞船提供能量。激光系统十分高效，太阳提供免费能源，锥形飞船仅需要携带水作为"燃料"。锥形飞船高速飞行，仅需几天就能飞越太阳系。

主图 主电力单元从太阳能电池板中收集能量，然后释放出能量巨大的激光束。太空发电站的末端包含一个机械修复系统。航天员可能不定期地来进行检查，他们在检查和维护期间住在小型生活舱中。

右图·左 普通的光束由波长不同的各色光束组成，会迅速发散和衰减，而激光束是具有高单色的致密的能量光束，发散度小、方向性好，能照亮更远的物体。普通光束可以用这些不同颜色的线条表示，但光在太空中的传播路径我们通常是看不到的，因为那里几乎没有反射光的物质。

右图·右 激光器发出的光束与手电筒发出的光束对比。

月球饭店

当商业性的太空旅行价格足够低时，就是在月球上建造第一批月球饭店的时机。这一构想的实现并不遥远——希尔顿酒店集团已经在认真考虑这一计划。

建造月球饭店最简便的方式就是寻找合适的陨击坑，在其顶部建造一个圆顶。与地球建筑相比，月球建筑具有很大的优势，物体在月球上的重力仅为在地球上重力的大约六分之一，因此建筑结构可以更庞大，而承受的力却更小。月球上有现成的建筑材料，可以从其表面土壤中就地取材。

月球饭店开业后，"月球航班"将游客带向月球，并在饭店附近的特殊平台着陆，随后他们乘坐地面摆渡车到达圆顶。入住后，游客可以进行各种丰富的活动。

游客可以乘坐带有空调的舒适的豪华月球巴士游览月球表面的平原和山地，参观人类20世纪60年代末第一次登月的地点。返回饭店后，游客可以去度假区的水疗中心，体验在泡泡上漂浮的感觉，也可以在饭店的天文台观察银河。

运输成本是最需要考虑的问题之一，因此，从地球上运输的物品必须尽可能轻便。食物需要脱水以减轻质量、减小体积、延长保质期。例如，一个110克的汉堡，脱水后质量仅为5.5克。

星际奥运会

游客还能够充分利用月球的低重力环境尝试一些月球特有的运动项目。试试人力飞行怎么样？轻轻拍打轻型翅膀，像鸟一样从饭店的圆顶俯冲。另外一个真正吸引人的事件可能是首届星际奥运会，对于月球上的世界记录，应考虑低重力环境做适当调整。在月球上跳高要超过14.7米才能打破现有的世界纪录！

主图 月球饭店的主圆顶严丝合缝地坐落在月表的陨击坑上，主圆顶外部会着色以保护游客免受强烈的阳光伤害。通过隧道与饭店主圆顶相连的是多个类似的小圆顶，用于种植作物和作为员工宿舍。巨大的太阳能电池板为月球饭店供电。游客可以乘坐观光车游览月球。如果观光车的驾驶员在行驶过程中轧过太阳能电池板，将会被罚款。

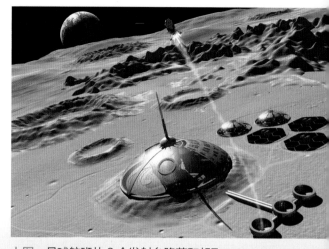

上图 月球航班从3个发射台降落和起飞。

进行废物处理和空气再生的工厂

下图 在月球饭店主圆顶内，低重力环境使得人力飞行成为一项理想的运动。

游客可以饱览地球
的壮丽景色

通信天线

67

岩石城

　　登临火星是令许多人为之兴奋的梦想，预计 21 世纪中期这个梦想就能成为现实，但很少有人想过到火星的卫星——火卫一和火卫二上游览一番。这 2 颗小卫星都是形似土豆、直径不超过 30 千米的太空岩石，但其中较大的一颗卫星——火卫一，有望成为旨在改造火星这颗不宜居星球的"火星地球化"项目的重要科学基地。

　　"地球化"的意思是创造一个类似地球的环境。虽然火星现在是一颗冰冷干燥的星球，但美国航天局的探测结果显示火星的气候曾经很温暖，并且曾经有流动的水存在。美国"凤凰号"火星探测器已经发现火星上存在水冰的证据，火星拥有孕育生命的必要元素。的确，数十亿年前火星形成之初，火星大气与地球大气有诸多类似之处。

　　一些科学家认为，我们或许可以改变含水冰的彗星的飞行方向，使其撞向火星，从而为火星提供地表水。在火星贫瘠的土壤上撒上能够在恶劣环境中生存的转基因生物的种子，这将逐渐创造出一个可供呼吸的大气。

太空岩石中的生命

　　可以通过钻孔设备在火卫一的岩石中打造舒适的生活区和工作区。当需要更多的空间时，可以钻出新的隧道。隧道内部类似于地球上的大型购物中心，设有咖啡馆、酒吧、制氧区和其他休闲区。在近似失重的环境下，你可以从一个地方飘浮着前往另外一个地方，在火卫一这个小世界里你的重力不足在地球上的千分之一。右侧主图展示的就是一台大型钻孔机正准备切入岩石。

右图·左　一架运输飞船从中央核心区升起。火卫一并不大，但足够供飞船起降。

右图·中　从高大的中央核心区向下看，下降的路径很长，但在火卫一的超低重力下你可以缓慢安全地降落。

右图·右　这张剖面图显示了如何钻入火卫一内部并打造舒适的岩石城。几年之后，火卫一的内部结构可能变得像奶酪一样。

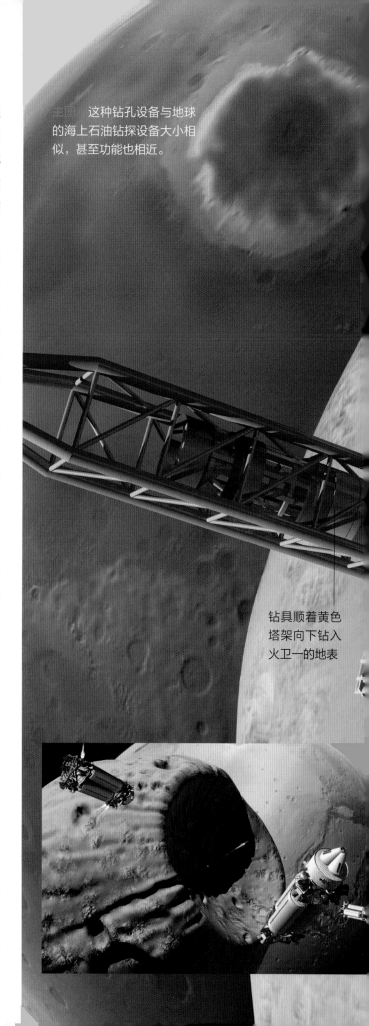

主图　这种钻孔设备与地球的海上石油钻探设备大小相似，甚至功能也相近。

钻具顺着黄色塔架向下钻入火卫一的地表

航天员在太空舱
检查钻孔机的工
作进展

钻探开始前，巨型
机械腿拧入地表，
紧紧抓住地面

火星城市

在太阳系的所有行星中，和地球最相似的是火星，因此火星天然地成为未来人类向太空移民的首选目的地。根据美国航天局的"勇气号""机遇号""凤凰号"以及欧洲空间局"火星快车"等探测器的探测结果，科学家已确认火星上存在水冰。但火星仍是一个不太宜居的星球，火星的大气比地球稀薄得多，夜晚即便在最温暖的地方，气温也远远低于冰点。

近年来我们对火星的认知已有所不同。曾经人们想象，火星上生活着奇异的生物，有可能是更智能的火星人。20 世纪六七十年代发射的探测器显示火星是一片完全荒芜的土地，没有任何生命迹象，但后来的探测器发现火星的情况比想象中更有趣。火星表面的有些痕迹看起来像干涸的河床，因此火星似乎曾经比现在更潮湿、更温暖。或许几十亿年前，这颗红色星球上存在过生命。

生活在火星

火星居民将居住在圆顶中，与在月球上一样，人们外出时需要穿着航天服。但是最终火星可能会被"地球化"，即其气候、温度、生态可能变得类似地球。

火星与地球的大小比对

主图 用于居住的圆顶位于水手谷边缘，其他圆顶则建于水手谷内。用于居住的圆顶除了可以提供生活空间，人们还可以在这里种植水果和蔬菜。在用于科学研究的圆顶下，研究人员将利用生物工程培养一些可以改善火星大气的植物。

右图·左 "火星探路者号"探测器于 1997 年登陆火星，它携带了一个微波炉大小的火星车"索杰纳号"。这辆火星车工作了大约 3 个月，行驶了 90 多米，详细探索了着陆点附近的区域。

右图·右 火星因整体呈现为橘红色而被称为红色星球，这种颜色是因为火星地表被氧化铁（铁锈）覆盖，火星的天空也因为空气中飘浮的尘土而呈粉红色。火星距离太阳比地球远，火星日比地球日长一点，大约为 24 小时 37 分钟。

火星飞机拥有像滑翔机一样的巨大机翼，以便在火星稀薄的大气中飞行

水手谷是太阳系中已知的最大峡谷，我们或许能够在深深的谷底发现生命迹象

水手谷

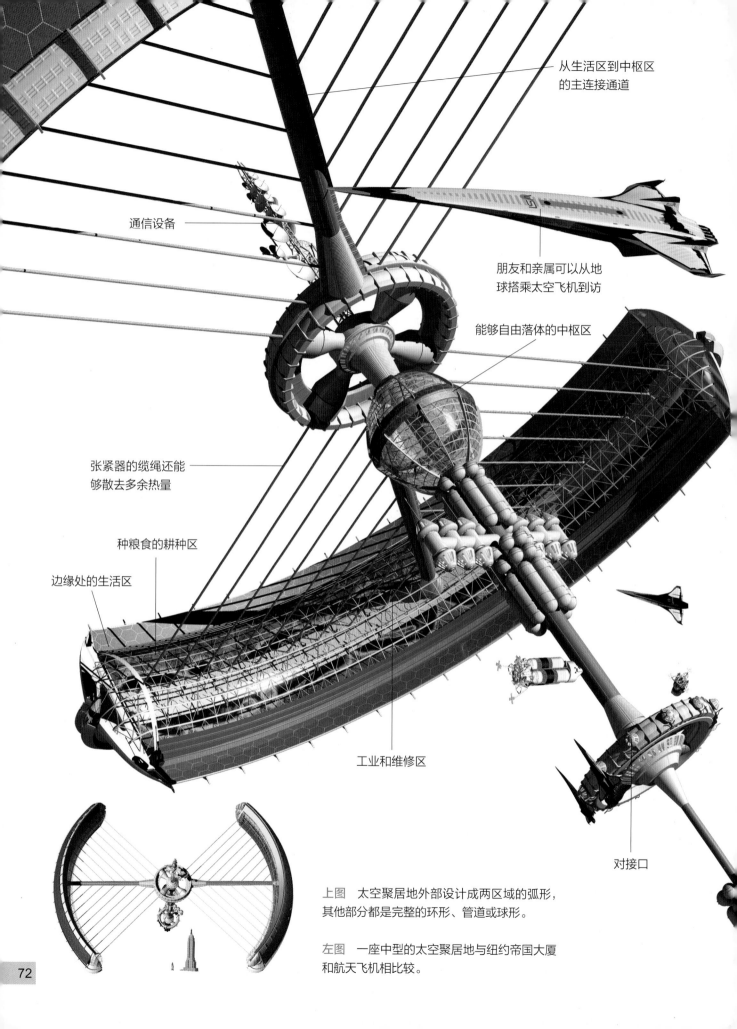

从生活区到中枢区的主连接通道

通信设备

朋友和亲属可以从地球搭乘太空飞机到访

能够自由落体的中枢区

张紧器的缆绳还能够散去多余热量

种粮食的耕种区

边缘处的生活区

工业和维修区

对接口

上图 太空聚居地外部设计成两区域的弧形，其他部分都是完整的环形、管道或球形。

左图 一座中型的太空聚居地与纽约帝国大厦和航天飞机相比较。

太空聚居地

18世纪70年代左右，瑞士数学家欧拉和法国数学家拉格朗日推算出，在诸如地月系统、日地系统等典型的"圆型限制性三体"问题中，存在5个引力平衡点，称为拉格朗日点（$L_1 \sim L_5$）。在这些点，一个小物体可以相对于两个大天体基本保持静止。地月之间的L_1点位于地球和月球之间靠近月球的地方。

L_1点有望成为建造巨型空间站——太空聚居地的理想场所，人们可以在这里生活、工作，甚至组建家庭。太空聚居地应该非常巨大，甚至比国际空间站都要大得多，建筑材料可以取自临近的月球。为什么要住进太空聚居地呢？其中一个重要原因是满足部分地球人的愿望，提供其建立独立的宇宙社区的机会。

右图　L_1点位于地球和月球的连线上，距离月球约6.5万千米，从那里的太空聚居地可以一览地球的壮丽景色。

下图　工作区和生活区位于轮圈结构边缘内侧。这里也可能有树木和花草，甚至可能有河流和湖泊。

旋转的太空聚居地

未来的太空聚居地与目前的国际空间站有很大的不同。国际空间站上的航天员生活在微重力环境下，而太空聚居地通过旋转在边缘处产生"人工重力"，在这里人们可以像在地球上一样生活和工作。如果想体验自由落体带来的乐趣，人们可以到中枢区。太空聚居地的旋转速度无须太快，只需产生地球重力的三分之一就足以维持人体肌肉和骨骼的正常状态。

太空电梯

从太空向地表修建的太空电梯可以在两地之间运送人和货物，这种方式简单、快捷且经济。关于此类太空电梯的详细设想是苏联科学家尤里·阿特苏塔诺夫提出的。尤里认为，如果把空间站的电缆降到地球，就可以用电动机上下升降货物，这并不比在地球上乘坐电梯上下摩天大楼费劲。在地球同步轨道上运行的空间站绕地球旋转1周的时间与地球的自转时间相同，因此空间站总会保持在地球赤道上方固定的位置。建造这种太空电梯的想法也仅在空间站位于地球赤道上方固定点时才能实现。

不久之后，太空旅行将变得更加经济快捷，太空电梯将使得传统火箭逐渐淡出。

需要特殊材料

建设太空电梯必须使用超级坚固的轻质材料。太空电梯需要从3.6万千米的太空垂下缆绳，为保持平衡，在空间站远离地球的一侧也需要架设缆绳索道，并在缆绳末端连接重力平衡器，整条缆绳长度约10万千米。普通材料没有足够的强度，比如钢材从不到10千米的空中垂下便会被自身的重力拉断。一种可能的材料是碳纳米管（可以认为是由石墨烯片卷曲而成），它的强度是同体积钢的100倍，质量却只有钢的六分之一左右。当电缆到达地球时，电梯即可开始运行。

电梯舱沿着缆绳上下运行

上图　非洲的乞力马扎罗山是建造太空电梯的理想地点。

下图　在赤道上方3.6万千米的高空，一颗卫星与地球赤道上的一点保持相对静止，这是修建太空电梯的最佳位置。

下图　位于非洲肯尼亚等赤道国家的太空电梯。其他太空电梯可能建造于巴西和印度尼西亚等国。

上图　太空电梯的轨道站是一个巨大的太空城市。游客可以将轨道站作为去更远地方的中转地，比如去月球或者火星。

航天器的停泊区

太阳能电池板

"新地球"？

我们能在金星上生活吗？金星是一颗炽热的、充满有毒物质的星球，想要在金星上生活看似是不可能的。但"金星快车"探测器的数据显示，金星曾经与地球比我们想象中更相似，并且有证据表明，这颗地球的"姊妹星"上曾经存在水。在不久的将来，或许我们能够改变金星的大气和气候环境，使金星变得宜居。

特殊细菌

有一种设想是在金星大气中建立一个机器人探测器舰队，向金星大气播撒数以十亿计的特殊细菌，这种在实验室里培养出来的细菌只有一个任务——改变金星的大气。这种细菌实际上是一种藻类，能够吸收金星大气中的二氧化碳，释放人类赖以生存的氧气。改变金星大气不是一朝一夕就能实现的，可能要花费几个世纪的时间，但最终空气会变得干净一些，金星也会随着热量的散失而开始冷却。

更多水分

最终金星上会形成第一次降雨，很快金星表面会形成湖泊与河流。然而科学家认为，金星大气能够容纳的水蒸气仅能形成一片齐膝高的海洋。一项旨在提供更多水的设想是，通过飞船改变含有大量水冰的彗星的飞行轨迹。如果这类彗星进入一条能从金星上层大气穿过的轨道，它们便可以在飞掠金星时向金星大气喷射大量水蒸气。

金星上层大气的温度比金星表面温度低得多，有些科学家认为，在距离金星表面50千米的高空可能存在生命。如果我们在那里发现微生物，那么在试图改变金星气候之前，我们应该尝试先研究这些微生物。将来，人类也许能够成功将金星变成第二个地球。

机器人探测器向上层大气释放能制造氧气的细菌

下图　一台轻质但坚固的金星漫游车在检查金星表面环境条件的变化。雨水降落在正在冷却的岩石表面。

主图　小型机器人探测器飞入金星大气。它们在飞行时向云层释放特殊细菌。

右图 携带细菌的机器人探测器舰队离开地球，飞向金星轨道。飞行仅需几个月，但项目本身将持续很多年。

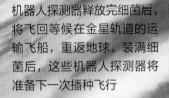

机器人探测器释放完细菌后，将飞回等候在金星轨道的运输飞船，重返地球。装满细菌后，这些机器人探测器将准备下一次播种飞行

自动翻转面板

充满细菌的播种管

发动机为机器人探测器返回运输飞船提供动力

反叛的机器人

真正的智能机器人听起来似乎只出现在科幻小说中，而机器人袭击人类则听上去更为荒谬。计算机的运算速度一年比一年快，功能也变得更加强大。最终机器人可能发展出某种类型的"智慧"，等同于甚至超过人类智慧。有些科学家认为这对人类而言十分危险，毕竟，智能机器人或许不愿意听从"低一等"的人类的指令，又或许它们会认为，人类太不聪明了。

太空战争

掌控近地空间似乎已成为一些军事规划者的首要任务。自 20 世纪 60 年代以来，卫星就被用于侦察核弹测试和确定敌军位置等目的。装有激光的卫星能够击落敌人的导弹，这也已经不是科幻。除此之外，智能机器人能够前往战场完成军事任务。

隐形攻击者

太空中的危险之一就是来自太阳的致命辐射。人类需要多重保护，比如地球上的臭氧层。未加防护的计算机和电子系统也十分脆弱，一阵突发的强力辐射便可能扰乱敌军太空军事机器人的控制系统，使其朝向错误的目标射击。就算只有几个机器人受到影响，也可能会造成一队机器人杀手完全失控，在太空横冲直撞，当然这种情况目前还只是科幻小说的内容。

上图　致命的太空武器可能在 21 世纪进入环地轨道，发射指令主要由计算机控制。

密封的圆顶使得人们可以在地球之外的世界生活，那里的空气正慢慢变成可供人们呼吸的混合气体。一旦圆顶被攻破，生活在里面的人都面临致命危险

上图　军事卫星已经使用了很多年，观察敌军的动向是其主要任务之一。

主图　机器人战士在未来的科幻场景中狩猎，它们的猎物是生活在其他星球上的人类。

由金属和塑料制成的坚硬
身体以及重型防护装甲使
机器人所向披靡

机器人战士配备
强力激光武器

有爪的金属脚在
粗糙地面上有更
好的抓地力

太阳系之外

科学前沿

随着 2009 年 3 月开普勒望远镜的成功发射,人类对类地行星的探索实现了飞跃。这台以德国天文学家约翰内斯·开普勒的名字命名的空间望远镜,用于找寻隐藏在遥远恒星光芒中的可能存在生命的行星。

在此之前,其他空间望远镜发现的系外行星大多数都与木星大小相近或者更大。开普勒望远镜通过观测行星通过恒星前面时因遮挡导致的恒星亮度极其小幅的减弱(可能只是 0.01%)来寻找比木星小得多的行星。在执行任务期间,开普勒望远镜将始终望向同一片天区。开普勒望远镜的观测视野极为宽广,能够同时监测 10 万余颗恒星的亮度,每隔 30 分钟测量 1 次这些恒星亮度的微弱变化。到 2018 年任务结束时,它已观测了 50 多万颗恒星,并发现了 2 600 多颗系外行星。

时间机器

开普勒望远镜找寻新的行星世界,而哈勃空间望远镜的继任者——詹姆斯·韦布空间望远镜(JWST)将回溯时间,寻找宇宙中诞生的第一批星系并研究星系的各个演化阶段,观察恒星和行星系统的形成,等等。2021 年底发射的詹姆斯·韦布空间望远镜拥有直径为 6.5 米的主镜——是哈勃望远镜的 2.7 倍。它将在日地系统的拉格朗日点 L_2 处运行,距离地球 150 万千米,在这里太阳与地球的引力相互平衡。

主图 "行星猎人"开普勒望远镜聚焦于搜寻距离我们 600~3 000 光年的天鹅座和天琴座部分恒星周围的可居住区。根据美国航天局的说法,开普勒望远镜功能十分强大,即便是在太空都能看到夜晚小镇上关闭室外灯的人。

右图·左 詹姆斯·韦布空间望远镜像风筝一样的遮阳板在太空中展开后有网球场那么大。它将遮挡太阳的紫外辐射,并保护精密仪器免受太空碎片撞击。

右图·右 新的恒星可能正形成于宇宙深处的这些被称为"创生之柱"的气体云中。

太阳能电池板

星体跟踪器

散热器

行星世界的灭亡

我们自己的"恒星之城"银河系，拥有超过1 000亿颗恒星，其中许多恒星拥有自己独特的行星，因此银河系附近很多地方的景象都能够让研究人员兴趣盎然。未来的星际探测器可能会在这些系外行星上找到外星生命，也可能会见证这些行星世界的灭亡。

上图　如果其他行星所环绕的恒星能量耗尽并变冷，那么该恒星周围的行星可能会面临永无止境的冬天，此时外星生命面临的挑战将是如何在冰天雪地的行星上生存。

寻找生命

目前除地球外，我们并不知道其他存在生命的行星，但是宇宙中有如此之多的行星，地球似乎不可能是存在生命的唯一一颗。大部分研究人员认为宇宙中存在某种形式的生命体，即便不是像科幻电影中的智能外星人那样。当空间望远镜发现与地球类似的存在能够呼吸的空气和海洋的行星时，这些行星将成为星际探测器的目的地。

最近一次撞击

某些行星上可能存在生命，但这并不意味着生命会在这些地方一直存在。大规模的宇宙事件此起彼伏，随时可能造成物种灭绝。大约6 500万年前，一颗直径大约10千米的小行星撞击地球，或许正是这次撞击导致了恐龙的灭绝。

行星的葬礼

右侧主图展示了一个星际探测器正在探索即将灭亡的行星世界。双星系统（主图中的右上位置）正在释放大量的光和热，行星表面逐渐变成一片沸腾的熔岩海。如果这颗行星上还存在生命的话，留给星际探测器发现它们的时间非常短暂。

主图　未来的星际探测器在探索邻近的行星，它高速飞行以避免温度过高。在这颗行星附近，2颗恒星正在近距离围绕彼此高速旋转，发光气体向宇宙扩散。地球上有些细菌生活在炽热的岩石和沸腾的间歇泉中，因此或许有一些外星生命能够在这个温度极高的世界里存活。

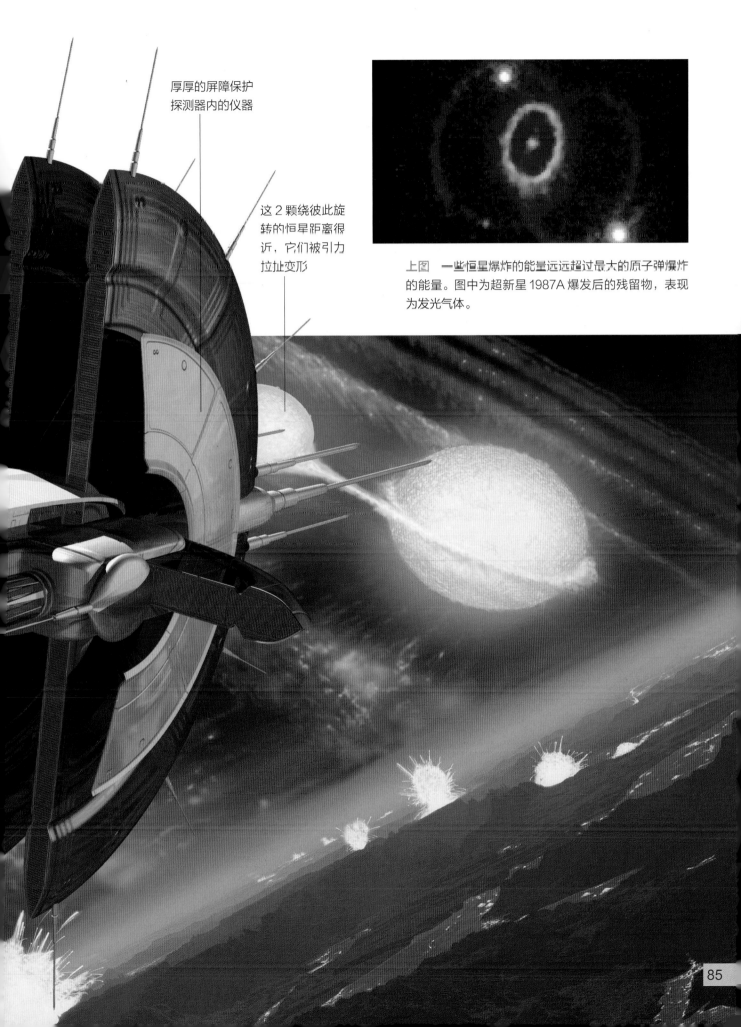

厚厚的屏障保护
探测器内的仪器

这2颗绕彼此旋
转的恒星距离很
近，它们被引力
拉扯变形

上图 一些恒星爆炸的能量远远超过最大的原子弹爆炸
的能量。图中为超新星1987A爆发后的残留物，表现
为发光气体。

星际水手

当我们完成对太阳系的探索后，探测器的下一个目的地将是距离我们最近的恒星系统——半人马座 α 星。这条路很漫长——阳光到达地球需要约 8 分钟的时间，而半人马座 α 星的光芒到达地球需要 4 年多的时间。对于普通的探测器来说，这趟旅程可能要走数千年。

微波飞行器

科学家罗伯特·L.福沃德提出了一个可能在未来某天实现的探测器制造计划，他将这一设计称为星束飞船。星束飞船包含一张宽度超过 1 千米的布满超细导线的巨大网帆，飞船的结构像羽毛一样轻，总质量约为 200 克！超轻设备安装于网帆的中心部位和横跨整张网帆的节点处。星束飞船不携带任何燃料，而是依靠围绕地球运行的太阳能发电卫星发射的微波光束飞行。微波光束是一种辐射形式，通过集中足够的压力推动星束飞船高速前进。计算数据显示，星束飞船将在数天之内达到 6 万千米每秒的高速，之后太空电站将被关闭。即便星束飞船保持这样的速度飞行，飞抵最近的恒星系统也需要 21 年的时间。

三合星系统

半人马座 α 星是一个由 3 颗恒星构成的三合星系统。半人马座 α 星 A 和半人马座 α 星 B 组成双星系统，围绕一个中心转动，而 3 颗恒星中最小的成员——半人马座 α 星 C，也就是通常所说的比邻星，是一颗昏暗的"红矮星"，其直径约为太阳的七分之一，质量约为太阳的八分之一。

计算机模拟显示，该恒星系统中可能存在类地行星。比邻星 b 位于比邻星周围的宜居带内，2016 年由欧洲南方天文台发现。随着空间望远镜的发展，对附近行星的观测也会愈发明晰，从而为星束飞船提供具体的探索目标。

右图·上　太阳能发电卫星依靠太阳能发电。电力以微波形式发送至聚焦环，聚焦后的微波束对准星束飞船，使得其向遥远的星球急速飞去。

右图·下　星束飞船仅用几个小时便可穿过这个三合星系统，并将画面传回地球。如果这个想法得以实现，我们就能发射更多的探测器去造访其他恒星系统。

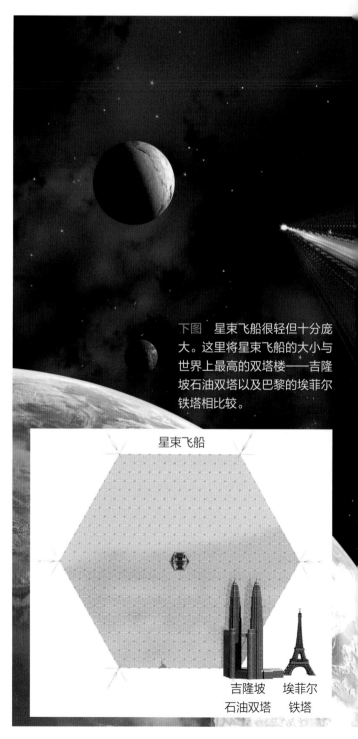

下图　星束飞船很轻但十分庞大。这里将星束飞船的大小与世界上最高的双塔楼——吉隆坡石油双塔以及巴黎的埃菲尔铁塔相比较。

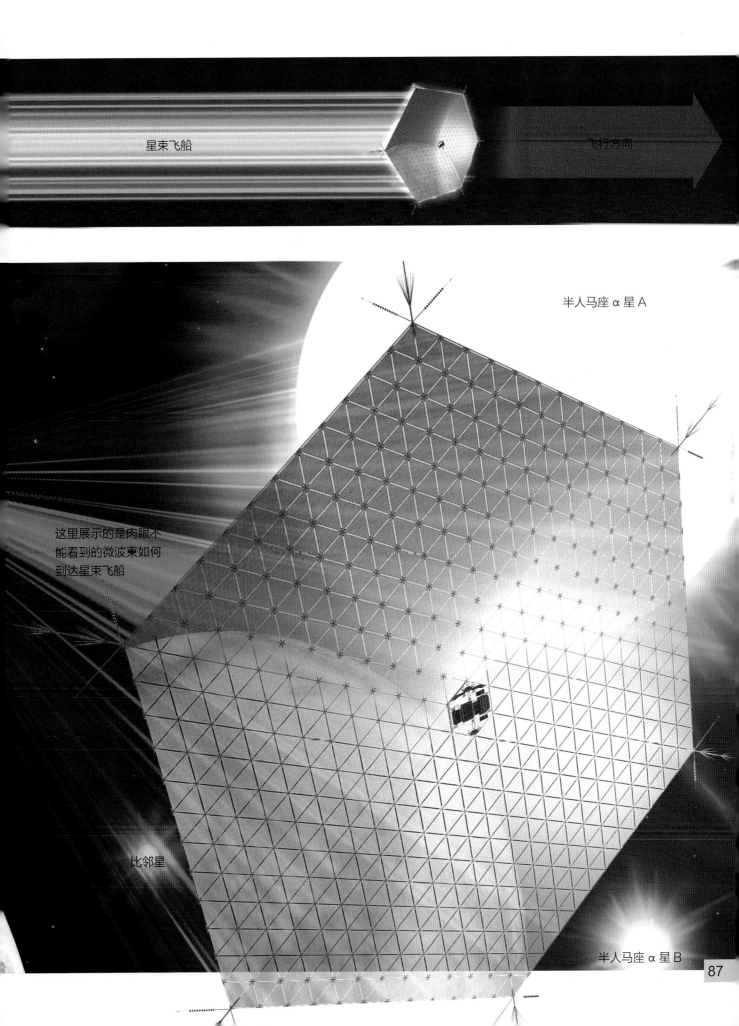

星束飞船

飞行方向

半人马座 α 星 A

这里展示的是肉眼不
能看到的微波束如何
到达星束飞船

比邻星

半人马座 α 星 B

逃离太阳系

科学家计划建立一支由巨型飞船——太空方舟组成的星际舰队，将人类、植物和动物带离太阳系，抵达围绕其他恒星的宜居带。

建造太空方舟

建造太空方舟的材料取自含金属元素的小行星。为了使这项工作变得简单，太空方舟采用简洁的模块化设计。机器人工人在深空进行主要的装配工作。各个模块在建造完成后被连为一体，强大的发动机被装在尾部。

太空雪球

太空方舟建造时，挖掘飞船潜入气态巨行星——木星的大气中，带回大量气体作为太空方舟的燃料。冰冻的燃料聚集成重达 1 200 万吨的巨型"太空雪球"，盖在每艘太空方舟的头部。当太空方舟加满燃料并且人员和货物登船后，这些未来世界的先驱者就准备起航了。

星际之旅

即便是以最高设计速度——10 万千米每秒飞行，太空方舟仍需十几年才能抵达最近的恒星系统。每艘太空方舟能够搭载 200 人，当然，他们需要充足的氧气、食物和水。如果所有人在漫长的飞行中能够进入冬眠状态，物资需求就会大大降低。

太空方舟

吉隆坡石油双塔

大型远洋轮船

主图 太空方舟由太空材料建造，这些材料比地球工厂里制造的材料更轻、更坚固。前端的球体上布满传感器，用于监测燃料状态以及检查附近的太空环境。

右图·左 太空方舟十分庞大。这里将太空方舟与吉隆坡石油双塔以及大型远洋轮船进行比较。人员和货物用相连的模块装载。燃料形成巨大的"太空雪球"。发动机位于尾部。在即将抵达旅程终点时，太空方舟调转方向，发动机提供制动力。

右图·右 太空方舟长度超过 1 千米，全部是在太空中制造的。这些巨型飞船在到达宜居带后，并不会在行星上着陆，接下来太空飞机将会把人们运抵新世界。

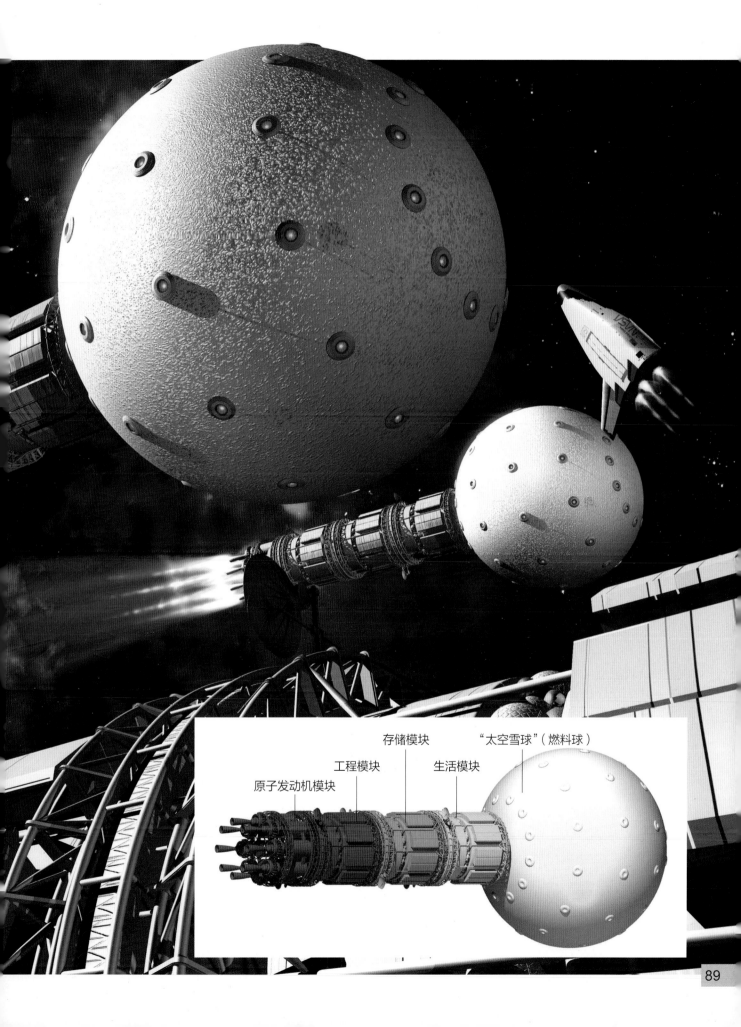

存储模块

"太空雪球"（燃料球）

工程模块

生活模块

原子发动机模块

术 语

白光

普通的可见光，实际上由多种颜色的光构成，而激光通常由一种颜色的光构成。

半人马座 α 星

距离太阳系最近的恒星系统，由 3 颗恒星组成。科学家目前已在那里发现了行星。

臭氧

淡蓝色、有刺激性气味的气体，环绕地球的臭氧层保护人类免受紫外辐射的伤害。一些科学家认为臭氧层的破坏与全球变暖存在一定关联。

"穿冰机器人"

一种使用加热系统穿透冰层的探测器。

大红斑

木星上的巨型风暴区，大小可以容纳 3 个地球。天文学家已对其进行了 300 多年的观测。"旅行者 2 号"发现海王星上也有类似的风暴区，它被称为大黑斑。

大气

又称大气层、大气圈，是包裹地球的空气层，主要由氮气和氧气构成。太阳系其他行星的大气构成与地球截然不同，无法供人呼吸。太空中没有氧气，因此航天飞机需要携带供氧设备。

大世界之旅

指探测器通过引力弹弓效应漫游多颗星球的旅程，"旅行者 2 号"飞掠 4 颗行星（木星、土星、天王星和海王星）并拍摄其照片的过程，便是一次大世界之旅。

地球化

在其他行星或卫星上创造一个类地球环境。

对接口

航天器上用于对接的特殊部分（2 艘航天器的连接处）。

多功能后勤舱

在国际空间站作为"运输卡车"的圆筒，放置于航天飞机的货舱中，向国际空间站运送物资。

二氧化碳

一种存在于很多行星大气里的气体。人呼出的气体含大量二氧化碳。

飞掠

接近行星或卫星而不进入其轨道或在其表面着陆的太空任务。有些飞掠任务是为了给受到行星引力牵引的探测器加速。

辐射

能量以波或粒子的形式传播。航天员暴露在宇宙辐射中容易遭受细胞损伤，患癌风险也更高。

光年

长度单位，指光在真空中沿直线传播 1 年所行经的距离。光速约为 30 万千米每秒。距离太阳系最近的恒星系是半人马座 α 星，其中的比邻星距离太阳系的距离约为 4.2 光年。

轨道高度

围绕天体运行的物体距离天体表面的距离。由于低轨道航天器受到大气阻力的影响，轨道高度会不断降低，因此常常需要对其进行轨道调整。

过热蒸汽

对饱和蒸汽继续加热，使之不再含有任何水分，便得到干饱和蒸汽。加热干饱和蒸汽使之继续升温所得到的蒸汽便是过热蒸汽，它能够为航天器提供强大的推力。

航天飞机

一种可重复使用、往返于近地轨道和地面之间的航天器。它既能像运载火箭那样把人造卫星等航天器送入太空，也能像载人飞船那样在轨道上运行，还能像滑翔机那样在大气中滑翔着陆。

航天服

航天员穿着的应对太空致命性环境的特殊服装，可抵御太空的真空、极端温度、太阳辐射和微流星体等环境因素对人体的危害。

"和平号"空间站

苏联建造的一个轨道空间站，苏联解体后归俄罗斯所有。它是人类首个可长期居住的空间研究中心。

恒星

由自身引力维持、靠内部核聚变发光、由炽热气体组成的球状或类球状天体。太阳是太阳系的恒星，其表面温度约为 5 500 摄氏度。

红矮星

体积相对较小、温度相对较低、释放光芒极其微弱且质量比太阳的一半还小的主序星。

化石

地壳中保存的古生物的遗体、遗物或遗迹。

彗星

一种由岩石、冰、尘埃颗粒和冰冻气体构成的混合体，在扁长轨道上围绕太阳运行。当彗星靠近太阳时，太阳的热量使彗星的部分物质蒸发形成长长的含有气体和尘埃的彗尾。

货舱

航天飞机上用于装载卫星、模块和其他设备的部分。

ISS

国际空间站的英文简称，由美国、俄罗斯、日本、加拿大、巴西以及多个欧洲国家联合建造，国际空间站可容纳多人同时进行科学考察。

激光

激光的原理在 1916 年由著名的物理学家爱因斯坦发现，它是与普通手电筒的发散光不同的强力光束。激光通常是单色光。

机械臂

可远程控制的机器人手臂。空间机械臂可用于移动航天飞机和空间站的物体。

"加拿大臂"

加拿大制造的机械臂，最早用于航天飞机。大一点的"加拿大臂 -2"用在国际空间站。

"进步号"货运飞船

俄罗斯的无人补给飞船，从"联盟号"载人飞船发展而来。

柯伊伯带

海王星轨道以外距离太阳 50~500 天文单位（1 天文单位即日地平均距离）的环带区域。这里存在大量固态小天体，被认为是短周期彗星的发源地。

空间探测器

对月球及月球以远的天体和空间进行探测的无人航天器。

空间望远镜

设置在大气外进行天文观测的望远镜，最著名的要数哈勃空间望远镜。

雷达

雷达是利用电磁波探测目标的电子设备。雷达发射电磁波对目标进行照射并接收其回波，由此获得目标至电磁波发射点的距离、方位、高度等信息。雷达波束能穿透云雾，美国的"麦哲伦号"金星探测器便是利用先进的雷达系统透视金星云层，从而测绘全星表面。

"联盟号"载人飞船

苏联的载人飞船。"联盟1号"于1967年发射升空，但在返回地球时坠毁。后来该系列飞船经过了不断升级和改进，并作为备用的国际空间站救援飞船。

流星

流星体高速进入地球大气后摩擦形成的光迹。

流星体

太阳系中绕太阳运行的碎小物体，大小从微粒到巨石不等。

模块

装配好的硬件功能单元，如国际空间站的"命运号"实验舱。

欧洲空间局

由欧洲许多国家构成的、致力于探索太空的大型研究机构，简称欧空局，也译为欧洲太空总署。

气态巨行星

不以岩石或其他固体为主要构成成分的大行星，在太阳系内有4颗气态巨行星：木星、土星、天王星和海王星。

气闸舱

航天员从载人航天器进入太空或出太空返回载人航天器时所用的气密性装置。航天员离开时排出空气，返回时补充空气。

全球变暖

地球整体气温不断升高的现象。一般认为全球变暖主要是由人类活动造成的，比如燃烧化石燃料（石油、煤、天然气等）。全球变暖会导致全球降水量重新分配、冰川和冻土消融、海平面上升等。

人造卫星

环绕地球运行的无人航天器。人造卫星可分为3大类：科学卫星、技术试验卫星和应用卫星。

生物工程

利用和改造生物体的一些特定功能以生产生物制品和培育新物种的综合性技术。

"曙光号"功能货舱

发射于1998年的国际空间站的第一个模块。由美国出资、俄罗斯制造的"曙光号"功能货舱，在国际空间站建设早期作为控制中心使用。

"斯普特尼克 1 号"

又称"人造地球卫星 1 号",是由苏联研制并发射的。"斯普特尼克 1 号"是第一个进入环地轨道的航天器,发射于 1957 年。

太空方舟

能够携带多人穿越星际空间的巨型太空船。

太空聚居地

适于大量人群居住的巨型空间站。

太阳风

从太阳外层大气向外连续流动并加速到超声速的等离子体流。

太阳能电池

通过光电效应(或者光化学效应)直接把太阳辐射的光能转化成电能的装置,在航天器上应用广泛。

太阳系

由太阳以及围绕其运转的行星、卫星、彗星和其他天体构成的体系以及其所占有的空间区域。

外部燃料箱

航天飞机最大的独立结构,也叫外贮箱,装载航天器主发动机所需的燃料,燃料烧尽后通常被废弃。

微重力环境

简单来说,就是物体在其中的重力显著低于地面重力的环境,也通俗地称为失重环境或者零重力环境。物体在地面重力场中做自由落体运动(如在落塔中进行自由落体实验)以及人造卫星等航天器在太空中的飞行都可以形成微重力环境。

细菌

一类结构简单的单细胞生物(与人类不同,人体由数以万亿计的细胞构成)。除细菌外,某些简单生物也是单细胞的,如一些藻类。

小行星

沿椭圆轨道绕日运行、不易挥发出气体和尘埃的小天体,大多数位于火星和木星之间的小行星带。一些大的小行星大致呈球形,就像微型行星,而绝大多数小行星都比较小,形状不规则。

耀斑

发生在太阳大气局部区域的一种剧烈的爆发活动,

常伴有增强的电磁辐射和粒子发射。

银河系

一个棒旋星系，包括 1 000 亿 ~ 4 000 亿颗恒星，太阳系是银河系的一部分。

宇宙大爆炸

由比利时天文学家乔治·勒梅特首次提出，该理论认为宇宙大爆炸标志着宇宙的起源。

月球

地球的天然卫星，距离地球约 38.4 万千米。太阳系的其他行星（除水星和金星外）也拥有卫星。火星有 2 颗卫星，而土星则有 80 多颗卫星。

陨击坑

行星、卫星或小行星表面的圆形坑，由陨石撞击地面形成。

陨石

也称陨星，指从行星际空间穿过地球大气而落到地球表面的天然固态物体。

载人机动装置

航天员在航天飞机和空间站外工作时穿戴的单人背包，它是一个"迷你航天器"，包含小型推力器和生命维持系统。

真空

没有空气或只有极少空气的状态。